高等学校数字媒体专业系列教材

移动虚拟现实应用开发教程

徐志平　编著

U0308856

清华大学出版社

北京

内 容 简 介

随着 5G 技术的快速推广及移动端计算能力的增强,虚拟现实技术必将在移动端大有作为。本书的目的在于为读者提供从虚拟现实数字内容的建模、上色、纹理设计到动画制作以及在移动虚拟现实环境中与数字内容进行交互等一系列主题的较为完整的解决方案。

本书主要面向移动虚拟现实应用开发设计人员、移动虚拟现实应用设计课程的专任教师以及计算机相关专业的学生等。

图书在版编目(CIP)数据

移动虚拟现实应用开发教程/徐志平编著. —北京:清华大学出版社,2021.10
高等学校数字媒体专业系列教材
ISBN 978-7-302-59034-7

Ⅰ.①移… Ⅱ.①徐… Ⅲ.①虚拟现实－高等学校－教材 Ⅳ.①TP391.98

中国版本图书馆 CIP 数据核字(2021)第 178838 号

责任编辑:谢 琛 战晓雷
封面设计:何凤霞
责任校对:焦丽丽
责任印制:杨 艳

出版发行:清华大学出版社
  网 址:http://www.tup.com.cn,http://www.wqbook.com
  地 址:北京清华大学学研大厦 A 座   邮 编:100084
  社 总 机:010-62770175   邮 购:010-83470235
  投稿与读者服务:010-62776969,c-service@tup.tsinghua.edu.cn
  质量反馈:010-62772015,zhiliang@tup.tsinghua.edu.cn
  课件下载:http://www.tup.com.cn,010-83470236
印 刷 者:北京富博印刷有限公司
装 订 者:北京市密云县京文制本装订厂
经 销:全国新华书店
开 本:185mm×260mm   印 张:16   字 数:380 千字
版 次:2021 年 12 月第 1 版   印 次:2021 年 12 月第 1 次印刷
定 价:49.00 元

产品编号:088692-01

前言

　　随着硬件技术的不断提升以及 5G 商用技术的迅速普及,虚拟现实行业将迎来大发展。提前布局虚拟现实硬件和应用内容的相关公司和个人,有望在未来的发展中占据先发优势。本书介绍虚拟现实数字内容的建模、上色、纹理设计到动画制作的全过程以及在移动虚拟现实环境中与数字内容进行交互的方法,为读者提供完整的面向移动端的虚拟现实应用开发解决方案。

　　本书共 13 章,分为 3 个部分。第 1 部分包括第 1～6 章,主要介绍三维建模和材质;第 2 部分包括第 7～12 章,主要介绍纹理、预设材质、智能材质和遮罩;第 3 部分为第 13 章,主要介绍移动设备虚拟现实应用开发实例。

　　本书有以下特点:

　　(1) 由浅入深,循序渐进。本书结构合理,不仅适合初学者阅读,也适合开发移动虚拟现实应用的技术人员学习。

　　(2) 重点突出,目标明确。本书立足于基本概念,面向应用技术,以必需、够用为尺度,以掌握概念、强化应用为重点,实现基础知识和实际应用的统一。

　　(3) 图文并茂,实例丰富。本书有大量的实例操作截屏图,容易上手。通过典型的实例分析,使读者能够较快地掌握移动虚拟现实应用构建的各个环节的基本知识、方法、实用技术及典型应用。

　　本书主要面向移动虚拟现实应用开发设计人员、移动虚拟现实应用设计课程的专任教师以及计算机相关专业的学生等。

　　由于时间仓促,加之作者水平有限,书中难免存在疏漏之处,真诚地希望专家和读者指正。

徐志平

2021 年 4 月

目录

第1章　虚拟现实技术概论

虚拟现实(Virtual Reality,VR)和增强现实(Augmented Reality,AR)是创建、体验和融合虚拟世界的计算机应用技术,为人类认知世界、改造世界提供了方便使用和感知的全新方式与手段。VR和AR可以打破时空局限,拓展人们的能力,改变人们的生产与生活方式。经过半个多世纪的发展,VR和AR技术在各行业蓬勃发展,不断深化在各个领域的渗透,相关市场需求日益旺盛,VR和AR产业发展的战略窗口期已经到来。

VR技术是以计算机技术为核心,结合相关技术,生成在视觉、听觉、触觉等方面与一定范围的真实环境高度近似的数字化环境,用户借助必要的装备与数字化环境中的对象进行交互,相互影响,可获得类似身处真实环境中的感受和体验。VR的基本特征是构想、沉浸和交互,可为用户提供逼真的沉浸式交互体验。习近平总书记在致2018年世界VR产业大会的贺信中指出,虚拟现实技术"拓展了人类感知能力,改变了产品形态和服务模式"。

AR是在VR技术的基础上发展起来的,VR进行虚拟环境的构建,AR将虚拟对象叠加到真实场景中,增强虚拟环境(Augmented Virtual Environment,AVE)技术则是将真实对象的表现叠加到虚拟环境中,后两者统称为混合现实(Mixed Reality,MR)。近些年微软、Magic Leap等公司提出的MR概念就是指真实场景与虚拟环境在几何、光照、物理和交互等方面无缝融合的理想状态。开放联盟Khronos组织将VR、AR、MR等相关概念概括为XR,并建立了OpenXR工作组,负责制定相关开放标准。

1.1　VR背后的技术

头戴式设备(Head Mounted Device,HMD)可以让用户置身于特定的虚构世界里。目前市场上的设备都有着相似的外形设计,但将内容传送到HMD上的方式会略有不同。

HTC公司的Vive、Oculus公司的Rift以及索尼公司的PSVR被统称为系留系统(tethered system)。系留系统是需要通过数据线以及音频线连接传送VR内容的台式机、笔记本计算机或控制台。

谷歌公司的CardBoard、三星公司的头显以及HTC公司的Vive Focus系列则被称为移动或独立的VR头戴式设备。移动VR利用用户的手机或者头盔内置的高性能移动处理器,将VR内容传递给头盔内置的显示器。这种单机VR设备的销量在2019—2020

年出现了爆炸式增长。

无论 HMD 是系留式、移动式还是独立式的,其 VR 的原理是相似的:两个内容流被发送到显示设备的两块屏幕上。头盔内的一组镜头可以为每只眼睛创造略有差异的影像,并通过视差效应模仿人类眼睛的立体视觉。

由于人类大脑是异常敏锐的,因此虚拟现实显示设备需要实时处理大量的多边形和纹理数据,并能同时保持较高的帧率(Frames Per Second,FPS),以增强真实感,防止用户产生眩晕感。

头部追踪是使 VR 发挥作用的重要技术之一。头部追踪指的是根据头部在实际空间中的位置来调整呈现在 HMD 上的图像。头部追踪一般使用 6 个自由度(Degree of Freedom,DoF),这 6 个自由度包括头部平移运动的 X、Y 及 Z 坐标以及旋转运动的纵摇(pitch)、横摇(roll)和垂摇(yaw)。因此,3 个平移自由度加上 3 个旋转自由度就组成了 6 个自由度。在任意一个自由度中,物体可以沿两个方向自由运动。例如,电梯只有一个自由度(垂直移动),但电梯能够在这个自由度中自由运动。再如,摩天轮只有一个旋转自由度。又如,碰碰车共有 3 个自由度:它只能在平面内平移(无法像电梯那样上下移动),同时只能以一种方式旋转(无法像飞机那样纵摇和垂摇),所以它有两个平移自由度和一个旋转自由度,共 3 个自由度。无论有多复杂,刚体的任何可能的运动都可以通过最多 6 个自由度的组合表达。例如,在用球拍击打网球的时候,球拍的复杂运动可以表示为平移和旋转的组合。

在虚拟现实设备中,惯性测量单元(Inertial Measurement Unit,IMU)是一种通过传感器组合(加速度计、陀螺仪和磁力计)测量和报告速度、方向和重力的电子设备。IMU 过去的主要应用之一是作为飞机仪表设备,但现在它已经应用于一系列电子设备,例如智能手机。IMU 的成本已经大幅下降,今天可以认为 3DoF 定位问题已经得到了"解决"。遗憾的是,IMU 在实际应用中只能准确地测量和报告方向值(旋转),无法准确地处理平移问题。

因此,需要一组内部组件来进行 6DoF 级别的跟踪,这些组件可以在大多数现代手机中找到,如三星公司的 Gear VR 和谷歌公司的 Daydream。更高端的系统,如 Oculus 公司的 Rift 和索尼公司的 PSVR,不仅利用这些组件,也利用额外的设备实现跟踪,即通过 LED 和传感器的组合提供 360°的跟踪。例如,HTC 公司的 Vive 设置一组基站,用激光扫描特定区域,以检测 HMD 在规定空间内的精确位置。

虽然头戴式设备是 VR 系统的主要组成部分,但还需要额外的外设为用户提供完全的沉浸感,这些外设可以采取控制器、手套甚至全身服的形式。

高端头戴式设备(如 HTC 公司的 Vive、Oculus 公司的 Rift 和索尼公司的 PSVR)都有专门的控制器,这些控制器也是由追踪 HMD 的传感器实现追踪的,如图 1-1 所示。这些控制器允许在 VR 系统内通过按钮触发器和拇指杆的组合进行交互。

图 1-1　Oculus 公司的手部控制器

1.2 系留式 VR 设备

在选择系留式 VR 设备时，有几种方案可以优先考虑。

1. Oculus Rift

Oculus Rift 尽管起步坎坷，但已成为最受欢迎的 VR 头戴式设备之一。Rift 在首次推出时配备了一个单一的跟踪传感器和一个小型的遥控器，用来实现交互游戏体验。如今，Oculus Rift 的 HMD 上有两个传感器和两个 Oculus Touch 控制器，大大提升了用户的体验感。

Oculus Rift 采用了分辨率为 1080×1200 像素的双有机发光二极管（Organic Light-Emitting Diode，OLED）显示屏，视野（Field of View，FoV）为 110°，刷新频率为 90Hz。用户可以购买额外第 3 个传感器，以实现 360°跟踪。尽管如此，该功能的跟踪规模仍未达到 HTC Vive 设备可以跟踪的房间规模。Oculus Rift 的优缺点如表 1-1 所示。

表 1-1 Oculus Rift 的优缺点

优 点	缺 点
• Facebook 支持 • 高级控制器 • 内置音频系统	• 基础配置不支持 360°追踪 • 与其他平台相比，应用商店功能不够完善

2. HTC Vive

当 HTC Vive 刚发布时，它的技术遥遥领先于竞争对手，可以说睥睨群雄。HTC Vive 基础配置的设备支持 360°房间尺度追踪，并配备了两台运动控制器，同时它得到了最大的数字发行平台之一——Steam VR 平台的支持。

随着 Oculus Touch 的发布，Touch 和 HTC Vive 设备的差距大为缩小。

HTC Vive 增加了一种称为异步重投影（asynchronous reprojection）的运动插值技术，同时利用插入帧模拟流体运动。HTC Vive 的优缺点如表 1-2 所示。

表 1-2 HTC Vive 的优缺点

优 点	缺 点
• 360°追踪 • 全房间尺寸追踪 • 成熟的平台	• 市场上最昂贵的同类设备 • 无内置音频系统

3. Windows 混合现实

微软公司在 2017 年推出与宏碁、华硕、惠普、联想和三星公司合作开发的 Windows 混合现实头戴式设备，扩大了桌面 VR 的选择范围。该设备的一个显著特点是使用了与微软公司的 HoloLens 一起开发的由内而外（inside-outside）的追踪技术，避免了像 HTC 或 Oculus 系统那样在房间里设置基站的要求。此外，这些头戴式设备采用了更高分辨率的屏幕，每块内置显示屏的分辨率高达 1440×1600 像素，并通过 LCD 或 90Hz 刷新频

率的 AMOLED 屏幕进行内容显示。

分辨率的提高使这些 HMD 上的文字清晰度更高,屏幕门效应(screen door effect)降低。与 HTC 或 Oculus 系统相比,Windows 混合现实对控制器的跟踪精度稍差,并且其镜头的可见度区域较小。

4. PSVR

PSVR(PlayStation VR)是市场上唯一一款为配合游戏机而设计的头戴式设备。尽管高端 PC 和 PlayStation 4 在性能上存在差异,但是 PSVR 能提供接近 PC 品质的虚拟现实内容。

PSVR 也是唯一一款利用单块 OLED 屏幕的系留式 VR 系统,分辨率为 1920×1080像素(单眼分辨率 960×1080 像素)。与 Oculus Rift 和 HTC Vive 相比,PSVR 的视野范围只有 100°,而不是通常的 110°。PSVR 能够实现 90Hz 和 120Hz 两种刷新频率以及异步重投影。PSVR 的优缺点如表 1-3 所示。

表 1-3　PSVR 的优缺点

优　点	缺　点
• 不需要高性能 PC 的支持 • 接近 PC 品质的体验 • 成熟的平台	• 运动控制器精度不高 • 头戴显示部分有漏光问题

1.3　独立式 VR 设备

独立式 VR 设备的 HMD 的图像处理性能不如系留式的同类产品,但它们更便宜,更轻,更便携。

1. 谷歌 Cardboard

谷歌 Cardboard 是谷歌公司在独立 VR 设备市场推出的第一个产品。其市场目标是作为 VR 的廉价入门体验设备,以激励人们对 VR 游戏和 VR 体验的兴趣,推动相关开发。谷歌 Cardboard 兼容基于 iOS 和 Android 系统的智能手机,非常容易上手。但是,由于缺乏输入设备,它也受到了极大的限制。谷歌 Cardboard 的优缺点如表 1-4 所示。

表 1-4　谷歌 Cardboard 的优缺点

优　点	缺　点
• 非常便宜 • 多平台支持	• 设计粗糙 • 无控制器和输入支持

2. 三星 Gear VR

三星公司与 Oculus 公司于 2015 年 11 月联合开发的 Gear VR 是市场上第一款高端独立式 VR 设备。要使用 Gear VR,需要一部大小合适的手机,手机被插入 Gear VR 中,作为显示屏和处理器,而 Gear VR 则作为控制器向手机发送数据。

与所有使用手机的独立式 VR 设备一样,三星 Gear VR 受限于其使用的手机的处理器和图形功能。自 2015 年发布以来,该设备已经被重新设计,以支持更大的手机。此外,三星公司还为其增加了一个带有触控板和触发器的运动控制器,使其更容易与 VR 互动。三星 Gear VR 的优缺点如表 1-5 所示。

表 1-5　三星 Gear VR 的优缺点

优　点	缺　点
• 轻巧便携 • 便宜,对特定型号三星手机免费 • 有控制器的支持	• 仅支持三星手机 • 受手机性能的限制 • 体验时间受手机电池的限制

3. 谷歌 Daydream

谷歌 Daydream 于 2016 年发布,是谷歌 Cardboard 的后续产品。谷歌 Daydream 采用与三星 Gear VR 相似的外形设计,将兼容设备放入 VR 头显中使用,并提供了一个运动控制器用于输入,比同类产品有更丰富的体验。谷歌 Daydream 的优缺点如表 1-6 所示。

表 1-6　谷歌 Daydream 的优缺点

优　点	缺　点
• 轻巧便携 • 市面上最便宜的头戴显示设备 • 有控制器的支持	• 仅支持最新的含有特定模块的 Android 手机 • 内容较少 • 体验时间受手机电池的限制 • 受手机性能的限制

4. Oculus Go

由 Oculus 公司开发的 Oculus Go 是一款独立式 VR 设备。它与目前市场上的产品不同,不需要插入手机作为 VR 内容处理器,而是使用内置硬件。其内置硬件可与中高端智能手机的性能相媲美。

Oculus Go 拥有 2560×1440 像素(单眼为 1280×1440 像素)的分辨率、3 自由度、32/64GB 内存、改进的光学系统、集成的空间音频扬声器和运动控制器,可以以实惠的价格提供接近 PC 品质的 VR 体验,而无须绑定在昂贵的 PC 上。Oculus Go 的优缺点如表 1-7 所示。

表 1-7　Oculus Go 的优缺点

优　点	缺　点
• 轻巧便携 • 不需要手机 • 有控制器的支持 • 价格合理	• 与系留系统相比,运动跟踪能力有限 • 充电效率较低 • 与面部贴合不好,容易漏光 • 头盔较重

Oculus Quest(以前叫 Oculus Santa Cruz)是 Oculus 公司于 2019 年第一季度发布的最新产品。它被定位为一款比 Oculus Go 更强大的独立 HMD,包括 6 自由度内翻跟踪和双显示器,分辨率为 1440×1600 像素,与目前最好的 VR 桌面显示器相匹配。它提供了首个高质量的独立 VR 系统,允许在大房间环境中自由移动,并提供混合现实的一些

特性,例如可以看到房间内障碍物的边界。

　　HTC Vive Focus 是一款独立式 VR 设备,它有 3K 分辨率、6DoF 跟踪、110°FoV、内置的空间音频系统、可扩展的记忆卡插槽和快速充电能力。HTC VIVE Focus 是 2019 年推出的新一代头戴式设备,采用世界尺度 6 自由度大空间追踪技术,具有高精度九轴传感器和距离传感器,其 3K AMOLED 屏幕的分辨率为 2880×1600 像素,刷新频率为 75Hz,视场角为 110°,支持瞳距调节,内置高通骁龙 835 处理器,扩展存储最高支持 2TB MicroSD 卡,采用 USB Type-C 数据/充电接口。它采用由内而外的追踪技术与 6 自由度,实现了世界尺度大空间定位,提供了颇具沉浸感的 VR 互动方式。

1.4　VR 应用领域

　　很多人认为 VR 只适合娱乐或游戏。事实上,其他行业已经开始注意到 VR 的潜力,并开始拥抱这项技术。医疗行业一直处于技术进步的前沿,VR 被广泛应用于各种医疗场景,从而使医疗专业人员和病人受益。

　　3D 可视化技术的进步已经导致更快和更精确的成像。外科医生现在可以使用 X 射线、CT 扫描和 MRI 扫描建立真实的病人及其患病部位的虚拟模型,然后再进行危险的、可能危及病人生命的探索性手术。

　　2017 年,美国的一个医疗团队与明尼苏达大学的科学家合作,创建了一对连体双胞胎心脏的虚拟现实模型。通过结合这两个婴儿的 MRI 和 CT 扫描影像,4 位外科医生能够在虚拟现实环境中进行这个手术,探索胡桃大小的心脏器官,把它放大到和手术室一样大。在进入模拟环境的几分钟内,外科医生就注意到了一些未被发现的问题,于是他们改变了手术方式,手术成功了,也挽救了两个孩子的生命。

　　虚拟现实可以对医疗康复性训练产生深远的影响。在其他领域,包括认知康复、疼痛管理以及创伤后应激障碍、恐惧症和双相情感障碍的治疗中,它带来的好处都已经显现。

　　汽车行业在汽车生产中使用 3D 技术已经有一段时间了,近来又采用 VR 技术在物理原型制作之前实现产品的可视化。例如,福特公司使用虚拟现实技术帮助客户在订购汽车之前就能看到汽车的外观,体验驾乘感觉。

　　加拿大不列颠哥伦比亚省是最早鼓励游客使用 VR“游览”当地风光的地区之一,它推出了名为 The Wild Within 的 VR 体验。这个体验有两个 360°的视频:一个是虚拟乘船,另一个是在该地区的山区徒步旅行。万豪酒店也推出了类似的体验,让用户可以“直达”全球不同的地点,参观当地万豪酒店及其周边环境。

　　英国政府于 2015 年宣布使用 Oculus Rift 培训军队人员,以使他们适应真实的战斗场景。英国政府为军方提供了虚拟现实训练模拟系统,训练专业人员掌握简易爆炸装置的处理技术,这有可能在现实世界中挽救生命。

　　美国亚利桑那州警察局在一个 360°的五屏环境中使用虚拟现实技术训练警察应对某些情况。

　　建筑业是世界上最活跃的行业之一。建筑师和工程师在进入施工阶段之前无法看到项目的复杂性,因此在施工过程中经常遭受挫折。传统的施工设计利用平面的技术图纸和3D模型将早期的概念可视化;随着虚拟现实的应用,技术图纸和3D模型可以建立在VR环境中,建筑师和工程师可以探索拟建项目的每一个细节,并在施工开始前解决任何问题。在平面技术图纸甚至3D模型上难以识别或可视化的问题,现在可以在项目动工之前被发现并处理,避免延误并节省大量资金。

娱乐无疑是VR的热点领域之一,尤其是游戏行业。在其他娱乐领域,例如电影和音乐领域,VR也发挥着作用。英国摇滚歌手Paul McCartney和Coldplay乐队都发布了VR体验作品,让用户置身于虚拟演唱会。

Oculus和Netflix也发布了电影VR体验作品,让人们可以在虚拟电影院中观看电影。

在讨论虚拟现实时,人们谈论最多的领域就是游戏。虚拟现实从根本上改变了人们与游戏的互动方式和游戏体验。虚拟现实可以将玩家带入游戏场景中,让玩家成为主角,体验到身临其境的感觉。

第 2 章　三维建模环境

Blender 有一套非常丰富的工具集,因此适用于几乎任何类型的面向 VR 的媒体产品。Blender 是一个 3D 内容创作套件,提供了大量的基础工具,包括建模、渲染、动画绑定、视频编辑、视觉效果、合成、贴图以及多种类型的模拟工具。

本书所用的 Blender 的版本首次打开时的用户界面如图 2-1 所示。Blender 的用户界面在所有操作系统上都是统一的。Blender 的用户界面非常灵活,可以随意排列和调整。

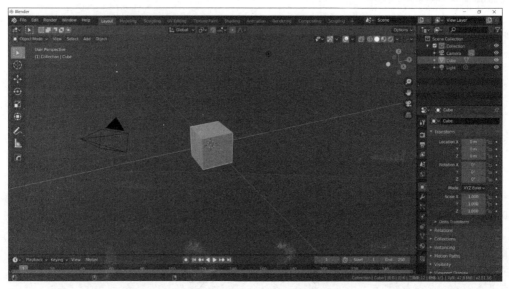

图 2-1　Blender 的用户界面

启动 Blender 后,建议选择 Edit→Preferences 命令,打开 Preference 对话框,对 Blender 的首选项特性进行设置,如图 2-2 所示。

在 Interface 页面勾选 Translation 复选框,将 Language 切换为 Simplified Chinese(简体中文),勾选 Tooltips 和 Interface 复选框,这会使 Blender 的界面变成中文,以方便使用,如图 2-3 所示。

图 2-2 Preference 对话框

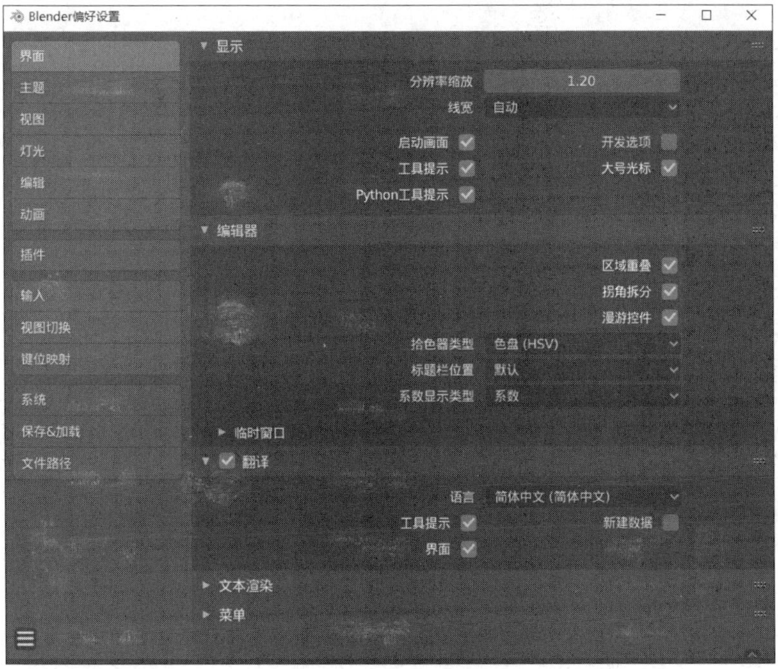

图 2-3 中文版界面

2.1　窗口设定

在 Blender 中,可以根据上下文调整窗口大小,更改窗口类型。要调整窗口的大小,必须将鼠标指针放在两个窗口之间。一旦指针变成双箭头,就可以按下鼠标左键并拖动以调整窗口大小,如图 2-4 所示。

使用现有窗口的角区域可以非常简单地在 Blender 中创建新窗口。窗口的 4 个角都可以用于拆分或合并窗口。如果将鼠标指针移至窗口右上角,将看到鼠标指针变成十字形,如图 2-5 所示。

图 2-4　指针变成双箭头

图 2-5　鼠标指针变成十字形

此时可以单击窗口右上角并将其拖动到实际窗口的中心位置,以创建一个分区,如图 2-6 所示。

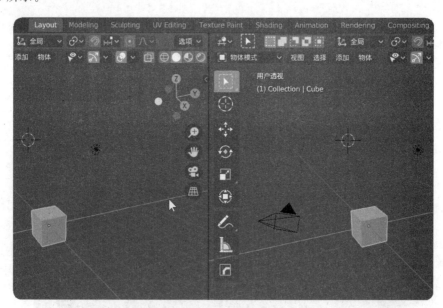

图 2-6　创建一个分区

有两种分割窗口的方法,可以上下拖动鼠标来创建水平分割或者左右拖动鼠标来创建垂直分割。合并两个窗口的过程与分割窗口的过程相同。无须将鼠标指针拖动到中心,而是将其拖动到要合并的窗口中。要成功合并两个窗口,必须遵循一个简单的规则:

两个窗口必须共享同一条边,如图 2-7 所示。

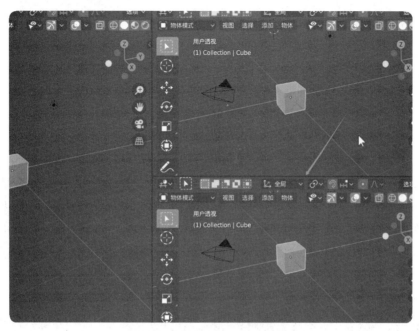

图 2-7 共享同一条边的两个窗口

将鼠标指针放在共享同一条边的一个角上,单击并将鼠标指针拖动到要隐藏的窗口上。Blender 通过显示一个表示合并窗口方向的大箭头提示合并后窗口的扩展方向,如图 2-8 所示。

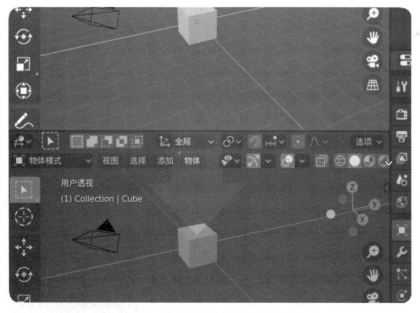

图 2-8 表示合并窗口方向的大箭头

2.2 活动窗口和快捷方式

活动窗口是 Blender 的核心概念之一，它与 Blender 的快捷键有密切的关系。Blender 有许多快捷键，可以快速完成任务。例如，可以通过按 Ctrl＋Space（空格键）最大化活动窗口。又如，在界面上创建多个分区，例如一个对象的 4 个视图，如图 2-9 所示。如果按 G 键移动对象，可以在 4 个视图中同时观察平移的效果。

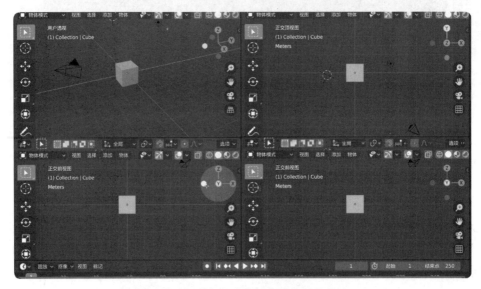

图 2-9 在 4 个视图中同时观察平移的效果

活动窗口是调用热键时焦点所在的窗口。知道哪个是活动窗口很重要，否则在按快捷键时会产生错误的结果。

2.3 选择对象

选择对象并在 3D 空间中移动它，在 Blender 中是重要的基本操作。要选择一个对象，可以在 3D 视图中右击该对象，以便对其进行后续操作。选中的对象周围会出现橙色边框，如图 2-10 所示。

要取消选择对象，可以按住 Shift 键并右击该对象，或使用快捷键 Alt＋A 取消选中。在 3D 视图为活动窗口时才能使用快捷键。如果按住 Shift 键并右击其他对象，则 Blender 会将它们添加到选择列表中。可以根据需要选择任意数量的对象，如图 2-11 所示。

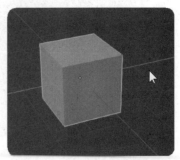

图 2-10 选中的对象周围会
出现橙色边框

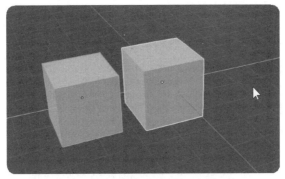

图 2-11 选择任意数量的对象

要选择场景中的所有对象,在 3D 视图中按 A 键即可。选中的对象边框的颜色可能不同,这些颜色来自 Blender 用户界面的主题设置。在 Blender 中选择多个对象的另一种方法是使用框选工具。可以使用 B 键或 3D 视图左侧工具栏中的框选工具图标激活该工具,如图 2-12 所示。

使用框选工具,可以在要选择的所有对象周围绘制一个选择框,如图 2-13 所示。

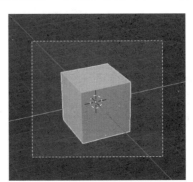

图 2-12 框选工具

图 2-13 选择框

2.4 变换操作

在 Blender 等 3D 软件中,变换操作对于大多数任务起着重要作用。从 3D 建模到动画,都离不开变换操作。3 个基本变换是平移、旋转和缩放。Blender 允许通过不同的方法执行这些变换。最简单的方法是使用变换工具。可以使用工具栏中的 3 个图标激活相应的工具,如图 2-14 所示。

图 2-14 工具栏中的 3 个
变换工具图标

提示:可以使用 T 键在 3D 视图中显示和隐藏工具栏。如果在界面中看不到它,按 T 键,工具栏就会出现。

1. 移动对象

如果选择一个对象(右击)并单击移动工具图标,将激活带有多个箭头的移动工具。

不同颜色的箭头含义如下：

- 红色箭头：沿 X 轴方向移动。
- 绿色箭头：沿 Y 轴方向移动。
- 蓝色箭头：沿 Z 轴方向移动。

对于其他变换，颜色的含义将保持不变，红色、绿色和蓝色分别对应 X 轴、Y 轴和 Z 轴。在某个颜色的箭头上单击，然后拖动鼠标，就能够平移对象。Blender 会将移动限制在箭头对应的轴方向，如图 2-15 所示。

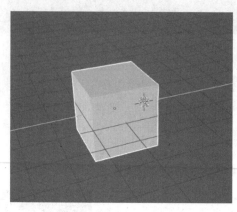

图 2-15　限制移动方向

移动对象更快的方法是在选择对象后按 G 键触发移动工具。但是，G 键移动的不同之处在于它不会限制对象沿轴的方向平移，而是可以自由移动对象。在按 G 键之后，还可以通过按与某个轴同名的键来限制对象沿轴的方向移动。例如，如果先按 G 键，再按 X 键，则将限制对象沿 X 轴方向移动。

Blender 会在界面底部的状态栏中提供可用工具的快捷方式列表，如图 2-16 所示。

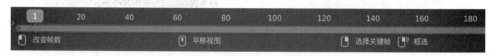

图 2-16　可用工具的快捷方式列表

提示：状态栏中会提示工具的快捷键。

2. 旋转对象

与移动方式相同，可以使用工具或快捷键旋转对象。按 R 键可以旋转对象。旋转用不同颜色的弧线表示绕不同的轴旋转，如图 2-17 所示。

右击并拖动一个弧线，可以绕相应的轴旋转对象。使用 R 键可以自由旋转对象。按 R 键后按 X、Y 或 Z 键，可以限制对象绕指定的轴旋转，如图 2-18 所示。

3. 缩放对象

缩放对象时可以使用缩放工具或按 S 键。使用 S 键时可以按 X、Y 或 Z 键将缩放限制为在指定的轴方向上进行。

单击工具栏中的 图标，将激活包含所有变换功能的变换工具。

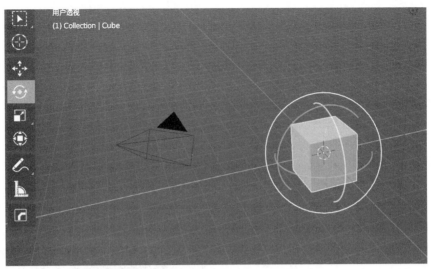

图 2-17 旋转工具用不同颜色的弧线表示绕不同的轴旋转

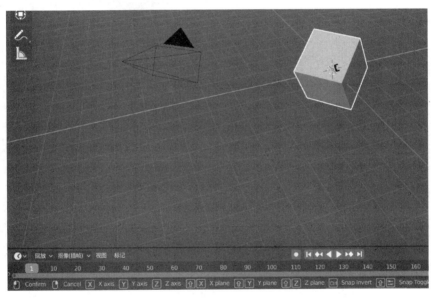

图 2-18 限制对象绕指定的轴旋转

2.5 着色选项

有了在 Blender 中选择和变换对象的基础,就可以进一步讨论着色。到目前为止,只使用了默认的着色选项。在 Blender 中,在 3D 视图右上角有许多用于着色的选项,如图 2-19 所示。

为了说明 Blender 的着色选项,首先创建多个立方体,步骤如下:

图 2-19 用于着色的选项

（1）创建一个立方体。

（2）选择已创建的立方体，然后按 Shift＋D 键复制立方体。

（3）选择新的立方体，按 G 键和 Z 键将新的立方体放在第一个立方体的正上方。按 G 键和 Z 键后，Blender 会立即沿 Z 轴移动新对象。

（4）重复（2）和（3）的过程，直到获得 3 个沿 Z 轴对齐的立方体，如图 2-20 所示。

提示：使用鼠标滚轮或数字键盘上的－键和＋键可以缩小和放大 3D 视图。

在 Blender 中可以按 Esc 键取消任何变换。如果在复制过程中按 Esc 键，副本会被放置在与原始对象相同的位置。要删除副本，可以按 Ctrl＋Z 键。

三维物体在 3D 视图中都以纯色显示，可以使用一些着色选项更改着色方式，这在以后开始使用 Eevee 实时渲染时将非常重要。在 Blender 中，可以通过 4 个属性调整着色方式："光照""颜色""背景"和"选项"，如图 2-21 所示。

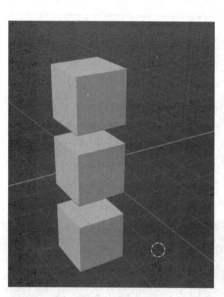

图 2-20　3 个沿 Z 轴对齐的立方体

图 2-21　4 个着色属性

在"光照"属性中，可以设置以下选项：

- "棚灯"：这是对摄影棚设置的模拟，背景无限，侧面有灯光。
- "快照材质"：即 Material Capture，它基于真实世界中物体的表面反射和其他属性来显示逼真的阴影。
- "平展"：显示没有体积感的平面效果。

在"颜色"属性中，可以设置对象在 3D 视图中的显示方式，如图 2-22 所示。

本节只介绍下面 3 种显示方式：

- "材质"：显示材质编辑器中使用的材质。

图 2-22　对象在 3D 视图中的显示方式

- "单一"：使用单一颜色为所有对象均匀着色，可以单击此选项，在其下方的选色器上选择色调。选色器仅在选择"单一"选项时出现。
- "随机"：如果需要对包含数十个甚至数百个对象的复杂场景进行处理，则可以使用该选项为每个对象提供唯一的随机颜色。Blender 将自动随机选择颜色。

图 2-23　设置阴影的明暗度和方向

在"选项"属性中，如果启用"阴影"，将在 3D 视图中看到实时阴影。"阴影"右侧的值用于控制阴影在场景中的明暗度，使用齿轮图标可以设置阴影的方向，如图 2-23 所示。

选择"快照材质"选项，"颜色"属性设为"随机"并启用"阴影"，将获得如图 2-24 所示的视图。

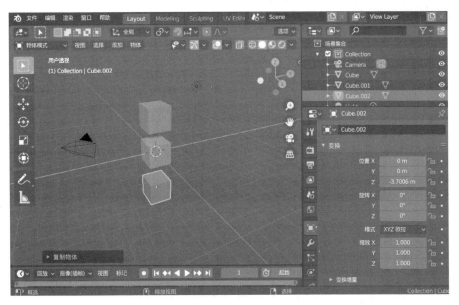

图 2-24　对象在 3D 视图中的着色方式

可以通过单击预览球体更改"快照材质"选项，如图 2-25 所示。

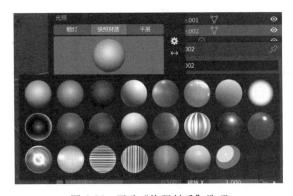

图 2-25　更改"快照材质"选项

提示：对于需要预览体积形状的项目或在复杂的建模任务期间，使用"快照材质"选项有助于提高效率。

2.6 导航器

如果需要在 Blender 的 3D 视图中可视化操纵对象，可以使用用户界面中的导航器。3D 视图的右上角有 5 个用于可视化操纵对象的工具，如图 2-26 所示。

这些工具可以通过鼠标使用，也可以通过快捷键使用。

这 5 个工具的功能如下：

（1）**导航器**：它是 3D 软件切换视角的标准工具，可以旋转和调整视角。单击圆圈内的任何位置，然后拖动鼠标，即可旋转视角。可以单击任意圆圈直接转到相应视图。例如，单击未连接的绿色圆圈将转到正视图，单击连接的绿色圆圈将转到后视图。导航器如图 2-27 所示。

图 2-26　可视化操纵对象的工具

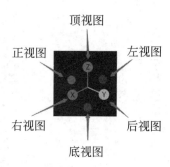

图 2-27　导航器

（2）**缩放视图**：要放大和缩小视图，可以单击此工具并上下拖动鼠标。使用鼠标滚轮或小数字键盘的＋键和－键可获得相同的效果。

（3）**平移视图**：单击并拖动此工具可平移视图并调整到最佳角度，使用 Shift＋鼠标中键可以获得相同的效果。

（4）**摄像机视图**：要在 Blender 中快速将视图设置为活动摄像机，可以单击此工具；再次单击它，可以退出摄像机视图。此工具的快捷键是 Ctrl＋0（数字键盘）。

（5）**正交视图或透视图**：此工具可以使 3D 视图在正交视图和透视图之间切换。对于建模，一般使用正交视图。此工具的快捷键是数字键盘上的 5 键。

导航器的快捷键如下（其中的数字均为数字键盘上的键）：

- 正视图：1。
- 后视图：Ctrl＋1。
- 顶视图：3。
- 底视图：Ctrl＋3。

- 右视图：7。
- 左视图：Ctrl＋7。

2.7 显示和编辑属性

在 Blender 中，通过查看和编辑对象属性的方式可以控制相应对象的位置、旋转角度和比例。可以在 3D 视图中打开侧边栏，在其中直接输入数字更改对应的属性，步骤如下：

(1) 按 N 键或单击右上角的"＜"图标，如图 2-28 所示。此时将出现侧边栏。

(2) 选择要查看属性的对象。

(3) 选中对象后，会看到该对象的"位置""旋转""缩放"和"尺寸"属性，如图 2-29 所示。

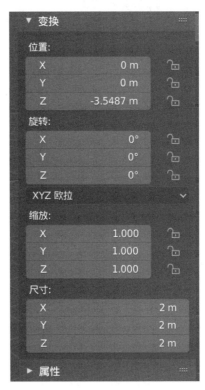

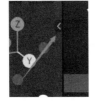

图 2-28　"＜"图标　　　　图 2-29　对象属性

(4) 要更改对象的属性，可以直接修改其值。例如，可以将对象设置为沿 Z 轴缩小为原来的一半，可将"缩放"属性的 Z 值设置为 0.5，如图 2-30 所示。可以使用每个属性旁边的锁定图标来保护对象的相应属性不发生变化。

提示：3D 视图并不是 Blender 中唯一有侧边栏的视图，在其他几种视图中也有类似的选项。

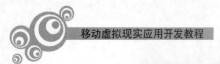

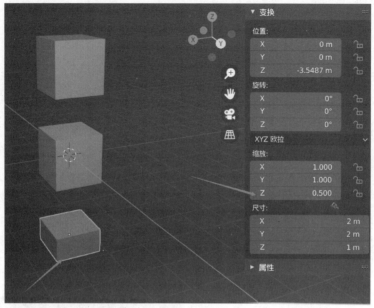

图 2-30　将"缩放"属性的 Z 值设置为 0.5

第 3 章　三维建模过程

第 2 章简要介绍了 Blender 用户界面以及可用于 3D 可视化导航的选项。以此为基础，可以使用 Blender 创建 3D 模型并使用 Eevee 进行实时渲染。Blender 有功能强大的建模工具，可以用来创建任何项目。本章以创建一把椅子作为例子展示使用 Blender 进行三维建模的方法，然后添加灯光并使用 Eevee 对其进行实时渲染。在本章的最后，会获得一把椅子的三维模型，如图 3-1 所示。

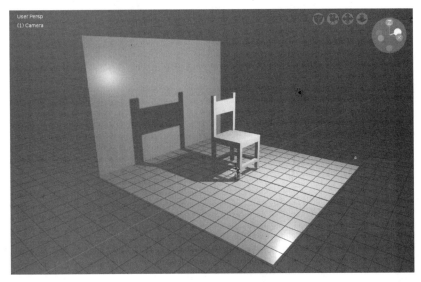

图 3-1　椅子的三维模型

用来创建椅子的技术是多边形建模技术。这项技术意味着从三维基本体（例如立方体）开始，并应用一些变形工具将其变成椅子或其他三维对象。

3.1　从三维基本体开始

在 Blender 的默认启动场景中已经存在可以使用的三维基本体——立方体。要在 Blender 中创建新的三维基本体，可以按 Shift＋A 键或"添加"菜单。这两种方式都可以获得三维基本体列表。对于多边形建模而言，应始终从"网格"组中选择基本体。

对于本章的示例，可以从一个全新的 Blender 场景开始。打开 Blender 并使用"启动场景"命令或按 Ctrl+N 键创建一个新的项目。如果要保存 Blender 中的模型或场景,可以选择"文件"菜单,然后选择"另存为"或者"保存"命令以保存工作。

假设在 Blender 中有一个全新的启动场景,就可以开始建模了。首先使用缩放操作将立方体变成椅子的座位面。右击选择立方体,然后按 S 键应用缩放,按 Z 键将缩放限制在 Z 轴上。立方体将根据鼠标的移动进行缩放。

在 Blender 中进行变换时,也可以在键盘上输入数值以进行准确的变换。在键盘上输入 0.2,然后按 Enter 键确认缩放比例。在 Blender 中,1.0 的缩放比例等于对象尺寸的100%,0.2 是原始尺寸的 20%。在该过程的最后,会获得一个压扁的立方体,如图 3-2所示。

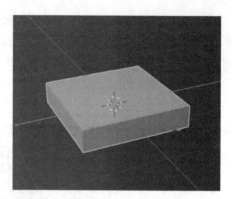

图 3-2　压扁的立方体

3.2　物体模式和编辑模式

下一步是以立方体为基础扩展其侧面。到目前为止,仅在 Blender 中使用了物体模式。在该模式下,只能选择和操纵整个三维网格物体,但

图 3-3　使用选择器切换
Blender 的工作模式

是不能对其进行编辑。Blender 中的每个三维网格物体都有 3 个用于建模的子组件,分别是顶点、边以及面。

要查看和操作这些子组件,必须将工作模式从物体模式切换为编辑模式。在 3D 视图的左上角,可以使用突出显示的选择器切换工作模式,如图 3-3 所示。

从图 3-3 可以看到,还有其他几种可用的工作模式,具体会根据选择的对象而改变。例如,如果选择一盏灯,则 Blender 不会显示"编辑模式"选项,因为灯光仅有物体模式。

切换到编辑模式后,在 3D 视图中可以看到其他选项。例如能够选择对象顶点,查看三维模型的各个角会看到代表顶点的小点,也可以选择边或面。对于本章的制作需求,选择面更好一些。将选择类型设置为面,然后选择模型的一个侧面,如图 3-4 所示。

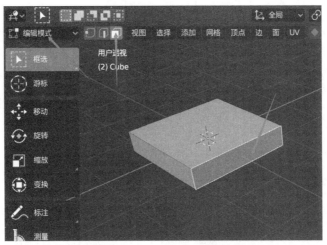

图 3-4 选择模型的一个侧面

提示：还可以按 Ctrl＋Tab 键在编辑模式下更改选择类型。

Blender 一直使用立方体作为默认场景，但是它随时可能发生变化。如果场景中没有立方体对象，则可以使用"添加"菜单创建立方体。转到"网格"组，然后选择"立方体"。

3.3 挤出建模

挤出工具是创建多边形模型最常用的选项之一。Blender 有多种挤出建模的选项，可以在 3D 视图左侧的工具栏中看到。在将工作模式设置为编辑模式后，在工具栏中出现 4 个挤出选项，如图 3-5 所示。

这 4 个挤出选项分别是"挤出区域""沿法向挤出""挤出各个面"及"挤出至光标"。要查看所有 4 个选项，必须在"挤出区域"选项上单击并按住鼠标左键拖动。该选项右下角的小三角形表示还有其他选项。大多数时候，"挤出区域"选项就能满足要求，如图 3-6 所示。

图 3-5 4 个挤出选项

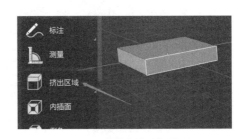

图 3-6 "挤出区域"选项

将挤出操作应用于面时，将创建该面的平行副本，该副本的所有边都与原始选区的边重合。这听起来很复杂，但是使用起来非常简单。保持刚才选择的侧面，单击"挤出区域"选项,将看到一个操作器在面上出现,如图 3-7 所示。

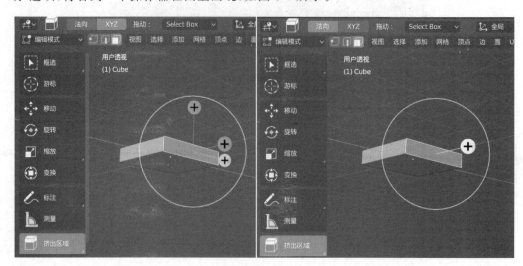

图 3-7　挤出区域操作器

挤出区域操作器有两种模式:一种是 XYZ 模式(图 3-7,左),另一种是法向模式(图 3-7,右)。可以单击并拖动加号"+"开始挤出,可以沿某个轴的方向挤出,也可以使用黄色加号进行面的法向挤出。释放鼠标按钮时,选定的面变为新形状。

在本例中,使用法向挤出模式,单击黄色加号并拖动鼠标进行挤出操作。释放鼠标按钮后,可以使用 3D 视图中的浮动面板更改挤出距离。将"移动"数值设置为 0.25m,如图 3-8 所示。

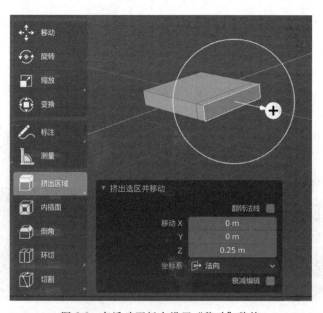

图 3-8　在浮动面板中设置"移动"数值

提示:在任何转换中拖动鼠标时都可以按住 Ctrl 键,以网格线作为参考,因此使用鼠标可以获得更高的精度。

现在,按 Alt＋A 键取消选择面,并将相同的挤出操作应用于模型的另一侧。可以使用快捷键 E 进行挤出。选择面后,按 E 键并移动鼠标以创建挤出,最后单击某处以确认挤出。可以在单击任何位置之前,在键盘上输入挤出的精确值。例如,在挤出时,在键盘上输入 0.25,然后按 Enter 键,将产生具有该长度的挤出物。最后,应该得到如图 3-9 所示的物体模型。

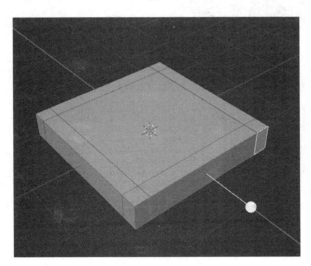

图 3-9　物体模型

在变换和挤出时应注意方向,有时根据挤出方向要将挤出值设置为负值。为了获得正确的值,可以在移动鼠标时查看状态栏,它会根据当前的方向显示挤出的实际值,如图 3-10 所示。

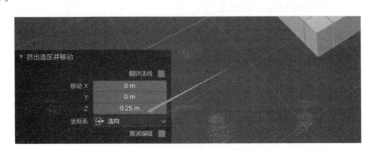

图 3-10　显示挤出的实际值

确定方向的另一种方法是使用变换小部件。与箭头相同的方向是正值,而相反的方向是负值。可以右击(或按 Esc 键)取消挤出以重新开始(在确认之前)。但是,按 Esc 键只会中止挤出,Blender 将保留已挤出的几何形状。按 Ctrl＋Z 键可以完全撤销挤出操作。如果观察一下这两次挤出后的三维模型,会发现模型的两侧都有 3 个面。接下来处理具有 3 个面的侧面。

这时可以使用"挤出各个面"选项节省三维建模时间,从模型的相对两个侧面选择所有 6 个面,选择方法是按住 Shift 键并依次右击各个面。选中所有面后,单击"挤出各个面"选项,如图 3-11 所示。

"挤出各个面"选项与"挤出区域"选项的效果相同,但它一次应用于多个面。如果单击并拖动这些面,可以注意到它们将向各自的方向扩展。单击任意位置以确认挤出,并在浮动面板中将尺寸设置为-0.25。挤出各个面的快捷方式是按 Alt+E 键并输入-0.25。

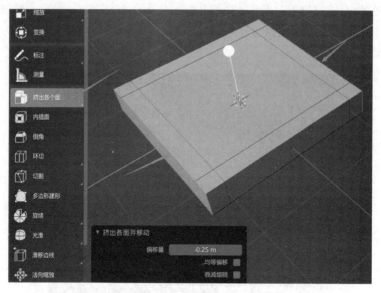

图 3-11　挤出各个面

3.4　创建腿部

为什么将所有挤出都应用到三维模型的侧面?因为最后座位面的 4 个角会形成 4 个小平面。使用这些平面,能够使用挤出操作创建椅子腿。

使用导航器或鼠标滚轮旋转模型,将视角移至座位面的底部。此时,在面模式下选择模型 4 个角的 4 个小平面。选择这些面后,应用 3 个连续的挤出操作,其挤出值分别为 1.3、0.2 和 0.5。可以使用"挤出区域"选项,或按 E 键,然后像前面一样输入值。

思考一下,为什么不可以输入负值?在"区域挤出"的法向模式中,正值代表朝向面外的法向。法线可以理解成每个面都有的一条垂直线,一般它朝向面的外面。挤出椅子腿的结果如图 3-12 所示。

应用 3 次挤出的原因是为椅子腿之间的连接部件创造空间。使用 3 个挤出将创建必要的线段,稍后可以使用这些线段快速创建椅子腿之间的连接部件,而不必再建模。要创建连接部件,可以使用 Blender 的上下文菜单。该菜单仅在编辑模式下显示,可以按 W 键激活它。选择同一侧椅子腿中高度为 0.2 的两个面,按 W 键打开面上下文菜单,如图 3-13 所示。

在面上下文菜单中选择"桥接面"选项连接两个选中的面,如图 3-14 所示。

对椅子腿的所有其他侧面重复相同的操作,直到出现 4 个连接部件,如图 3-15 所示。

提示:桥接面是在 Blender 中创建三维模型的一种简单而功能强大的方法。

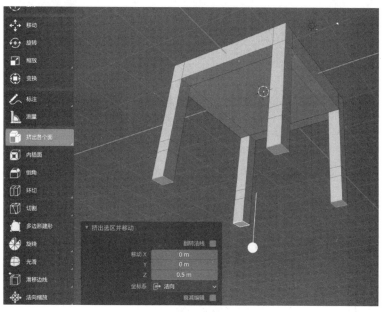

图 3-12　挤出椅子腿的结果

图 3-13　面上下文菜单

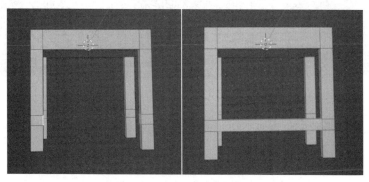

图 3-14　连接两个选中的面

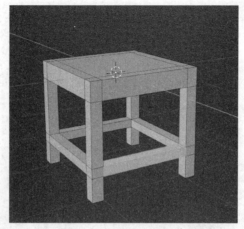

图 3-15　椅子腿的 4 个连接部件

3.5　创建靠背

在三维建模中,可以应用相同的原理和工具创建不同的形状和对象。目前只创建了椅子的座位面和腿,还可以用相同的工具和步骤制作靠背。使用 Blender 中的旋转视图工具,可以从顶部查看模型。从这个角度,可以快速选择椅子座位面顶部同一侧的两个小平面。

在这两个小平面上连续应用 3 次挤出操作,长度分别为 1.5、0.9 和 0.4,可以使用"区域挤出"选项,如图 3-16 所示。

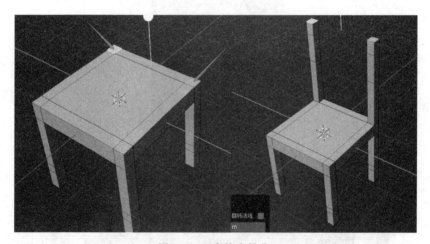

图 3-16　3 次挤出操作

选择第二次挤出的形状的两个相对面。按 W 键,然后再次选择"桥接面"选项,就会获得椅子靠背,如图 3-17 所示。

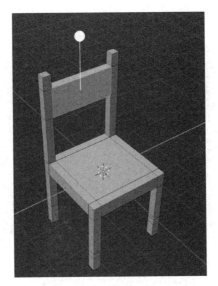

图 3-17　生成椅子靠背

3.6　使用饼状菜单

饼状菜单是 Blender 2.8 的新功能之一,它提供了在程序中快速更改模式和选择类型的方法。饼状菜单是 Blender 的插件。Blender 中的插件都可以可以在控制面板中启用和禁用。

要打开该面板,选择"编辑"菜单,然后选择"用户首选项"命令。在打开的"Blender 偏好设置"对话框中选择"插件"选项卡,然后从右侧列表中选择要控制的特定加载项的类别。如果知道加载项的部分名称,只需在搜索框中输入名称,Blender 就会列出与名称匹配的加载项。例如,启用饼状菜单(Interface:3D Viewport Pie Menus)的设置如图 3-18 所示。

单击饼状菜单插件左边的三角形,在正下方展开包含可用于饼状菜单的快捷方式列表,如图 3-19 所示。

在"物体模式"下,按 Tab 键的同时略微移动鼠标,将看到一个饼状菜单,其中包含一系列供选择的不同模式。选择所需的模式,Blender 将针对当前所选的对象切换到该模式,如图 3-20 所示。

在 Blender 2.8 之前的版本中,使用 Tab 键(不添加饼状菜单)将在"物体模式"和"编辑模式"之间切换。通过禁用饼状菜单插件,可以将 Tab 键的功能恢复到 Blender 2.8 以前的模式。使用饼状菜单有几个优点,例如:

- 按 Alt＋空格键可在平移、旋转和缩放 3 种转换操作之间切换。
- 按 Z 键可以查看三维模型的阴影选项,使表面光滑或变平。
- 按"."键可以查看可能的枢轴列表,以设置三维模型的枢轴。

如果不想再使用饼状菜单,可以随时使用 Esc 键关闭它。建议从现在开始就养成使用饼状菜单与 Blender 交互的习惯。

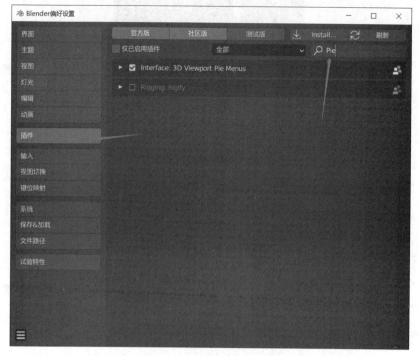

图 3-18　启用饼状菜单的设置

图 3-19　饼状菜单的快捷方式列表

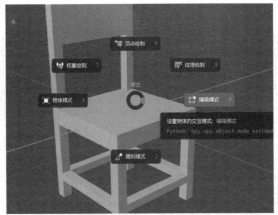

图 3-20 利用饼状菜单切换到编辑模式

3.7 添加地面和墙壁

现在为模型添加场景,为使用 Eevee 渲染引擎进行渲染做准备。如果要创建一个对象投射阴影的场景,则需要一个表面接收阴影。在三维场景中悬空的椅子只有有限的显示阴影的能力。因此,要在场景中添加地面和墙壁。

确保当前处于物体模式,然后按 Shift + A 键,在弹出菜单的"网格"组中选择"平面"选项,将平面添加到场景中。选择平面对象后,将其移动到椅子下方。如果它还不能完全与模型下方贴合,稍后会修复这个问题。使用 S 键缩放该平面,使它是原来的 4～5 倍。

按 Tab 键从物体模式切换到编辑模式。在编辑模式下,选择边模式,选择椅子后面的地面边缘,如图 3-21 所示。也可以选择两个顶点,这取决于当前的选择类型。

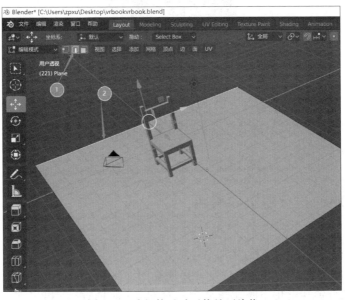

图 3-21 选择椅子后面的地面边缘

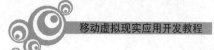

选中该边缘后,可以按 E 键和 Z 键进行挤出操作,挤出结果如图 3-22 所示。

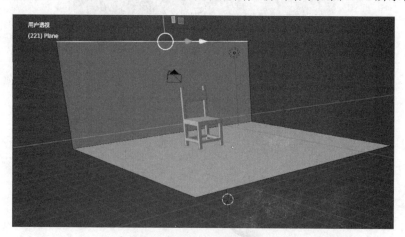

图 3-22　挤出结果

还可以按空格键打开浮动菜单,其中包含工具栏中的所有选项,如图 3-23 所示。

图 3-23　浮动菜单

从图 3-22 中可以看到,现在有了地面和墙壁。与构建椅子的技术相同,可以通过多种方式复制地面和后墙以创建其他对象。切换到物体模式,然后将椅子放在地面上,具体方法在 4.1 节中介绍。

3.8　使用 Eevee 进行渲染和着色

在 Blender 2.8 中有一个称为 Eevee 的全新的渲染引擎。Eevee 最大的优点是可以实时生成逼真的渲染。尽管仍然可以使用原先的 Cycles 渲染引擎在 Blender 中进行渲染,但它需要几分钟甚至几小时才能处理一帧图像;而 Eevee 却可以在主流硬件上实时

生成渲染结果。

使用 Eevee 引擎,首先要将 3D 视图设置为渲染模式,可以用三维视图右上角的渲染模式按钮执行此操作,如图 3-24 所示。

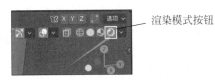

图 3-24 渲染模式按钮

单击渲染模式按钮,将三维视图设置为渲染模式。在渲染模式下,可以看到阴影、高光和其他细节,如图 3-25 所示。

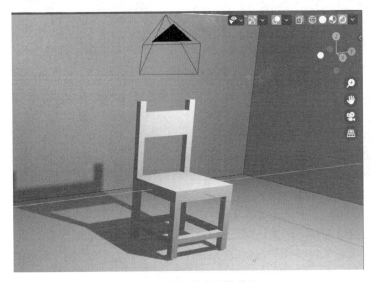

图 3-25 渲染模式下的效果

确认 Eevee 是当前的渲染引擎的方法是:在属性面板中打开"渲染"选项卡,在顶部会看到渲染引擎的选择列表,如图 3-26 所示。如果当前的渲染引擎不是 Eevee,则可以在此进行更改。

与 Eevee 相关的几乎所有选项都可以与 Cycles 一起使用。Cycles 渲染效果看起来会更好,但是在大多数情况下,也可以在 Eevee 中获得出色的渲染效果。

1. 添加灯光和实时阴影

根据灯光在场景中的位置,在将视图设置为渲染模式的时候,在场景中就会立即看到阴影。由于 Eevee 的阴影是实时显示的,可以选择场景中的灯光对象并移动它,以查看阴影的变化。

图 3-26 渲染引擎的选择列表

2. 改变灯光类型和强度

在仍然选择灯光对象的情况下,可以在 Blender 的属性面板中打开"物体数据属性"

选项卡,以查看与灯光有关的所有选项,如图 3-27 所示。在该选项卡顶部,可以更改灯光类型并设置颜色和能量值。"颜色"选项用于设置灯光发出的颜色,"能量(乘方)"选项用于指定灯光的强度。

提示:对象数据选项卡根据上下文而变化。例如,当选择一个灯光时,它将显示该对象类型的选项。如果选择三维模型,它将显示与该对象相关的选项。

3. 阴影设置

在"物体数据属性"选项卡的底部,可以看到阴影的基本设置,如图 3-28 所示。

图 3-27 "物体数据属性"选项卡

图 3-28 阴影的基本设置

第一组选项是"阴影"。默认情况下,此选项始终开启。

第二组选项是"接触阴影",这将在对象下方创建一个附加的阴影。仅当两个表面彼此靠近时,才会出现接触阴影。使用此选项可以增强场景的真实感。

默认情况下,本书建议在每个灯光上打开接触阴影。但是使用过多的接触阴影可能会导致渲染时间过长。尤其是在使用缩放控件时,Blender 可能需要额外的几秒才能重新生成阴影。

4. 渲染静止图像

现在有了一个具有灯光和实时阴影的场景,并且还可以将其渲染为静止图像。关于渲染必须了解的第一件事是,Blender 仅在活动相机视图中才能渲染。要将视图切换为活动相机视图,可以单击三维视图右侧的相机图标,如图 3-29 所示。

也可以使用数字键盘上的 0 键进入相机视图。如果要退出相机视图,可以再次单击相机图标或使用鼠标滚轮旋转场景。调整相机的视角之前,需要确保相机视图的取景框被选定,如图 3-30 所示。

按 Ctrl+Alt+0(数字)键可以使活动的相机与场景的当前视图对齐。如果需要调整活动相应视角,首先选择相机的取景框。调整活动相机视角最简单的方法是使用快捷键 G 和 R,可以按 G 键将相机平移,也可以通过按 G 键和 Z 键沿 Z 轴移动相机,产生推拉镜头的效果。

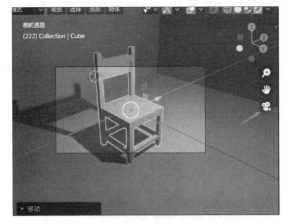

图 3-29 相机视图

图 3-30 相机视图的取景框被选定

5. 用 Eevee 渲染

在 Blender 中进行渲染非常简单,可以按键盘上的 F12 键或选择"渲染"菜单执行此任务。在"渲染"菜单中,可以选择"渲染图像"命令。渲染场景的结果如图 3-31 所示。

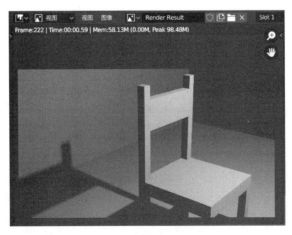

图 3-31 渲染场景的结果

可以选择"图像"菜单中的"另存为"命令将渲染结果保存在图像文件中,如图 3-32 所示。

图 3-32　保存渲染结果

在"输出属性"选项卡顶部的"规格尺寸"选项组中设置渲染图像的宽度和高度,如图 3-33 所示。

图 3-33　设置渲染图像的宽度和高度

第4章　三维建模工具

Blender 有很多用于三维建模和对象操纵的工具,例如 3D 游标。3D 游标是 Blender 的一项独特功能,没有 Blender 软件使用经验的用户往往不习惯使用它,其他三维建模工具都没有类似于 Blender 3D 游标的工具。3D 游标是 3D 视图中的一个带虚线环的三维坐标轴图标,如图 4-1 所示。

图 4-1　3D 游标

在 Blender 中,3D 游标是一个辅助功能,主要提供创建对象、对齐对象、设置临时枢纽点和对象原点时的直观参考。每当在 Blender 中创建新对象时,该对象都会出现在 3D 视图中 3D 游标所在的位置。可以在任意对象表面上单击以放置 3D 游标,随后 Blender 会自动使 3D 游标的方向与该表面的法向一致。要设置 3D 游标的位置,可以在 3D 视图中的相应位置单击,但是这种做法的定位精度很低。正确的做法是在四格视图中放置 3D 游标。开启四格视图的方式是在 3D 视图中选择"视图"菜单中的"区域"→"切换四格视图"命令(快捷键是 Ctrl＋Alt＋Q),如图 4-2 所示,然后在四格视图中准确放置 3D 游标。

图 4-2　"切换四格视图"命令

如果要重置 3D 游标的位置,应选择 3D 视图顶部的"视图"菜单,然后选择"对齐视图"→"重置游标并查看全部"命令(快捷键是 Shift+C),如图 4-3 所示。

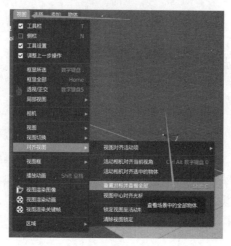

图 4-3　"重置游标并查看全部"命令

4.1　使用 3D 游标

在 Blender 中,对象的原点是用于确定对象在旋转和缩放后的位置和枢轴点的参考点。可以使用 3D 游标将第 3 章中创建的椅子模型精确地放置在地面上。

首先在椅子腿的底面上设置椅子模型的原点。右击选择椅子模型,并按 Tab 键切换到编辑模式。在编辑模式下,选择面模式,按 B 键,框选椅子腿的底面,如图 4-4 所示。

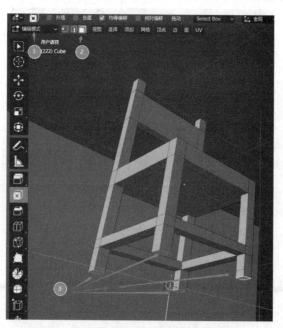

图 4-4　设置模型原点并框选椅子腿的底面

选中底面后,可以将 3D 游标与所选对象对齐。按 Shift＋S 键,将显示吸附工具的饼状菜单,选择"游标"→"选中项"命令,如图 4-5 所示。该操作会将三维游标移动到选定对象的中央位置。

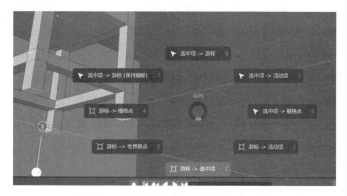

图 4-5 选择"游标"→"选中项"选项

进入"物体模式",然后在"物体"菜单中选择"设置原点"→"原点"→"3D 游标"命令,如图 4-6 所示。这会将所有选定对象的原点移动到 3D 游标位置,此时会在与 3D 游标相同的位置看到代表原点的小点。

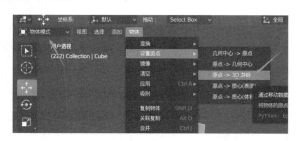

图 4-6 选择"原点"→"3D 游标"命令

选择代表地面和墙壁的对象。进入编辑模式,然后选择地面。按 Shift＋S 键,然后在吸附工具的饼状菜单中选择"游标"→"选中项"命令,结果如图 4-7 所示。

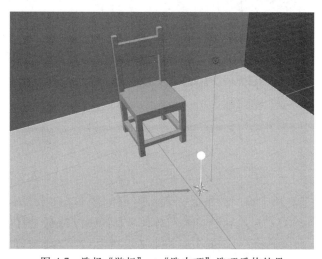

图 4-7 选择"游标"→"选中项"选项后的结果

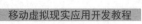

可以按 P 键将地面和墙壁分离成独立的对象。在编辑模式下,选择一个要分离的部分,然后按 P 键,在浮动菜单中选择"选中项"命令,Blender 将把选定的部分与当前对象分离并创建一个新对象,如图 4-8 所示。

图 4-8　选择"选中项"命令

现在可以使用 3D 游标将椅子与地面对齐。在物体模式下选择椅子模型,然后按 Shift+S 键,在吸附工具的饼状菜单中选择"选中项"→"游标"命令,Blender 会将椅子移动到 3D 游标的位置,如图 4-9 所示。由于 3D 游标位于地面表面,因此将使椅子与地面对象精确贴合。

建议始终将 3D 游标作为建模的起点,这将在建模时节省大量时间。同时 3D 游标可以与吸附工具一起用功能强大而又简单的方法精确地将对象添加到场景中。

可对 3D 游标位置进行精确控制。例如,要将其置于特定坐标处,可以使用"属性"选项卡更改 3D 游标位置的数值,如图 4-10 所示。打开"属性"选项卡的方法是在 3D 视图中按 N 键。

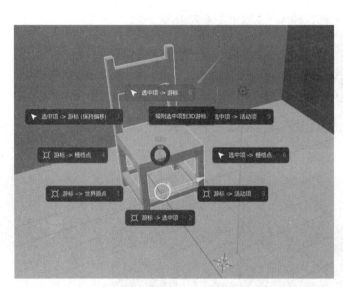

图 4-9　选择"选中项"→"游标"命令

图 4-10　"属性"选项卡

4.2　环切模型

目前的墙壁只是场景后侧的一个大平面。为了使该平面不单调,为其添加一扇门,可以使用 Blender 中的环切工具达到目的。环切工具的快捷键是 Ctrl+R 键。环切仅在编辑模式下起作用。在编辑模式下的工具栏中还提供了"环切"按钮,如图 4-11 所示。

需要进行环切操作时,必须使用鼠标选择要环切的边,切口将垂直于对象表面。只需单击,就可以设置环切的方向。选择方向后,可以移动鼠标以选择环切位置。再次单击以确认环切位置。简而言之,只需单击两次,一次选择方向,另一次确认环切位置。

提示:一系列首尾相接的边叫作循环边,这也是"环切"这一名称的由来。

接下来创建门。

图 4-11 "环切"按钮

要创建门,首先要在墙壁上环切出门洞。在编辑模式下,选择墙壁模型并按 Ctrl+R 键或单击工具栏中的"环切"按钮进行环切操作。将鼠标移到要环切的位置,然后单击选择环切方向,接着移动鼠标并再次单击以标记环切位置。对于本例,需要两个切口,第一个切口如图 4-12(左)所示,第二个切口如图 4-12(右)所示。

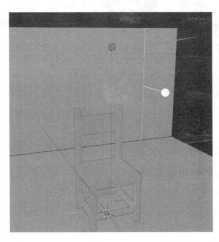
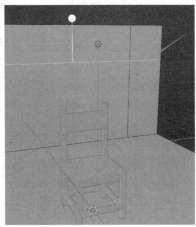

图 4-12 两个切口

接着选择墙壁上要环切的面并按 E 键将其向后挤出,如图 4-13 所示。

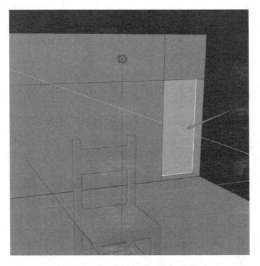

图 4-13 将要环切的面向后挤出

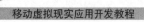

完成挤出后,按 Del 键或 X 键删除 3 个面,如图 4-14 所示。

由于此时门的宽度只是最终结果的一半,因此还要用修改器对门进行复制。修改器是 Blender 中唯一可以应用于对象建模、动画和渲染效果的选项。可以将多个修改器添加到同一对象上,按顺序堆叠,最后将它们应用于对象。要添加修改器,必须使用"属性"选项卡中的"添加修改器"下拉列表,如图 4-15 所示。对于本例,可以使用镜像修改器。

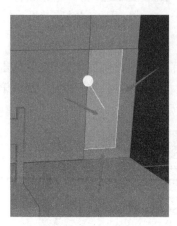

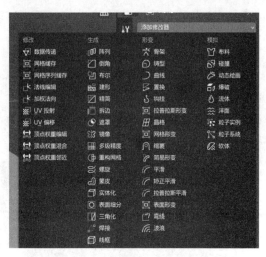

图 4-14　删除 3 个面　　　　　　　　　图 4-15　"添加修改器"下拉列表

在应用镜像修改器之前,必须设置镜像的枢轴点。镜像修改器以枢轴点为轴心创建三维模型的镜像。利用 3.6 节的方法,重新设置对象的枢轴点,如图 4-16 所示。

可以使用 3D 游标获取枢轴点的确切位置。在原点已设置好的情况下,添加镜像修改器并为镜像选择正确的轴。在本例中是 Y 轴,如图 4-17 所示。

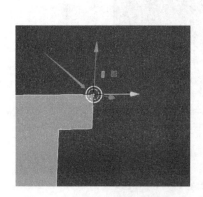

图 4-16　重新设置对象的枢轴点　　　　　图 4-17　基于 Y 轴镜像

对地面重复相同的镜像过程。门的最终结果如图 4-18 所示。

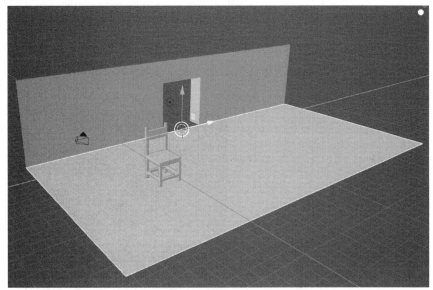

图 4-18　门的最终结果

4.3　吸附工具

Blender 中除了 3D 游标等有助于对齐的工具以外,还有一个很出色的选项,即利用参考点(例如顶点、边和面)放置对象的吸附工具。在 Blender 用户界面中,可以在 3D 视图的顶部找到一个磁铁图标,该图标将在变换操作期间激活吸附,如图 4-19 所示。启用该工具后,所有转换都将基于参考点。例如,在移动对象时,Blender 会寻找靠近对象的顶点,找到符合条件的顶点后,Blender 会把对象和该顶点放在同一位置。

也可以按 Shift＋Tab 键启用和禁用该工具。单击磁铁图标旁边的按钮以设置吸附选项,如图 4-20 所示。

图 4-19　磁铁图标

图 4-20　吸附选项

选择"吸附至"的对象类型,选项包括"增量"(基于网格线)、"顶点""边""面""体积""边中点"以及"垂直交线"。对于"增量"以外的对象类型,必须选择使用什么模式进行吸

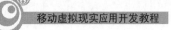

附。吸附基准点可以选择"最近""中心""质心"和"活动项",如图 4-21 所示。

例如,可以将"吸附至"的对象类型设置为"顶点"并将吸附基准点设置为"最近",然后通过选择并移动椅子将其吸附到墙角,如图 4-22 所示。在进行这个操作时,必须首先选择椅子对象并激活吸附工具,选择适当的吸附基准点,将鼠标指针放在要吸附到的位置附近,然后按 G 键。

图 4-21 吸附基准点

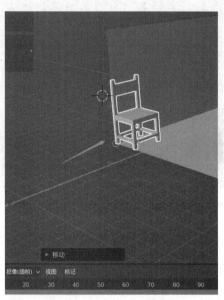

图 4-22 吸附操作结果

可以看到图 4-22 中墙角处出现了一个小圆圈,Blender 会以该顶点作为吸附基准点。如果单击该顶点,则模型将吸附到该位置。通过吸附功能,可以只用鼠标完全控制位置。

吸附工具的另一个强大功能是"旋转对齐目标"选项,如图 4-23 所示。

"旋转对齐目标"选项可以旋转和对齐具有非正交曲面的对象,如图 4-24 所示。

图 4-23 "旋转对齐目标"选项

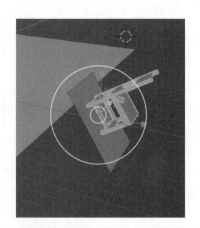

图 4-24 旋转和对齐具有非正义曲面的对象

第 5 章 材 质

Blender 等三维软件中的材质将确定对象表面的性质及其对光的反射和吸收效果。在 Blender 中可以用两种方法创建材质：一是在属性面板的材质选项卡中对基本材质进行设定（例如分配颜色或设置反射）；二是使用着色器编辑器。如果需要创建复杂的材质，就必须使用着色器编辑器。由于 Blender 中的 Eevee 是实时渲染引擎，提供了在 Blender 中创建和分配的所有材质的即时视觉反馈，因此，只需将着色器设置为渲染状态，就能在 3D 视图中看到结果。

5.1 给对象添加材质

Blender 对于材质有一条简单的规则，那就是任何材质都必须有与之关联的对象。如果 Blender 找到没有与对象关联的材质，在保存文件时将清除该材质。如果要保留没有关联对象的材质，可以使用伪用户功能。

选择某个对象，例如椅子，在属性面板中选择材质选项卡，如图 5-1 所示。

图 5-1 材质选项卡

如果选定的对象没有指定任何材质，则会看到一个空的"材质"选项卡，如图 5-2 所示。在这种情况下，可以单击"新建"按钮创建一个新的材质，也可以单击左侧的 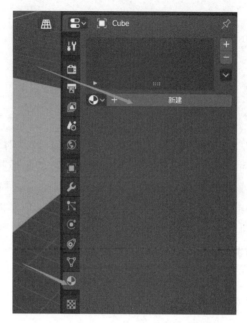 按钮选择一个已有材质。

图 5-2　空的材质选项卡

创建材质后，将看到对象表面的视觉属性，如图 5-3 所示。如果要保留该材质，单击伪用户按钮。请注意，"使用节点"按钮的出现意味着没有与材质关联的着色器。在这种情况下，应该单击该按钮以显示高级着色器选项。

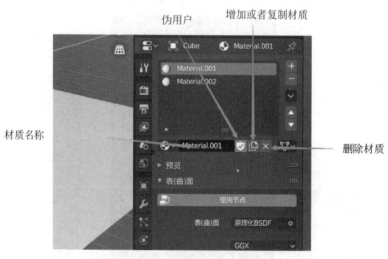

图 5-3　对象表面的视觉属性

提示：在 Blender 中，不仅材质可以使用伪用户功能，而且纹理、3D 对象等也可以使用伪用户功能。应该为材质指定唯一的名称，以便将来更好地导航和编辑场景。

5.2 为材质使用着色器

在继续操作之前，启用 Eevee 的渲染功能，以便在 3D 视图中更好地显示材质结果。转到渲染面板并启用"屏幕空间反射"选项，如图 5-4 所示。

启用该选项后，Blender 将显示材质的反射和其他高级属性。在打开材质节点时，Blender 将显示一个强大的着色器——原理化 BSDF（Principled BSDF），如图 5-5 所示。该着色器控制光线与对象表面的相互作用。

图 5-4 启用"屏幕空间反射"选项

图 5-5 原理化 BSDF

提示：BSDF 是双向散射分布函数（Bidirectional Scattering Distribution Function）的简称，它是描述光如何与对象表面相互作用的函数。

使用原理化 BSDF，可以设置对象表面的属性，例如反射、颜色等。Blender 还有其他类型的着色器。其他着色器的选项比原理化 BSDF 少得多，在很多情况下，选择更简单的方法可能会获得更快的结果。要更改着色器类型，单击"原理化 BSDF"名称可以查看所有选项。

1. 对象颜色

在 Blender 中，材质最简单的功能是为对象分配颜色，此时可以使用漫射 BSDF 着色器。它将提供颜色和表面粗糙度的选择。

例如，选择椅子模型，并为对象分配材质，单击着色器，就可以选择其他色调，将立即看到对象颜色的变化，如图 5-6 所示。

2. 材质的反射属性

材质的另一个主要属性是反射。在 Blender 中，可以使用光泽 BSDF 着色器控制反射。例如，选择场景中的地面对象并添加新材质。为材质选择光泽 BSDF 着色器，将看到与漫射 BSDF 相同的颜色选择器和"糙度"选项。但是在这里，"糙度"选项用于控制反

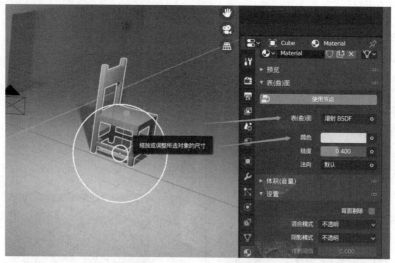

图 5-6　为对象着色

射的行为。将"糙度"的值设置为 0 将创建一个完美的镜面。任何人于 0 的值都会产生模糊反射效果，如图 5-7 所示。

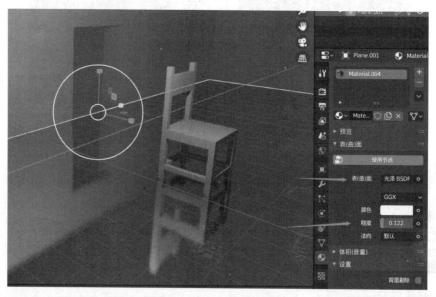

图 5-7　设置反射的糙度值

3. 材质透明度

材质的另一个重要属性是透明度。目前，Eevee 不会在 3D 视图上实时显示透明度，所以要将渲染引擎切换为 Cycles。要更改渲染引擎，可以转到渲染面板，然后在"渲染引擎"下拉列表中选择 Cycles 选项，如图 5-8 所示。

一旦将渲染引擎更改为 Cycles，Blender 就会使用渐进式渲染显示结果。场景开始渲染时会产生大量噪点，这些

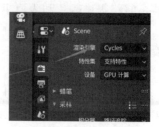

图 5-8　选择 Cycles

噪点会逐渐消除。选择 Cycles 渲染引擎后，可以返回材质面板。按 Shift＋A 键在场景中添加一个球体，以更好地查看透明度。可以将其放置在相机和椅子模型之间。将材质添加到球体，然后将着色器选择为"透明 BSDF"，如图 5-9 所示。

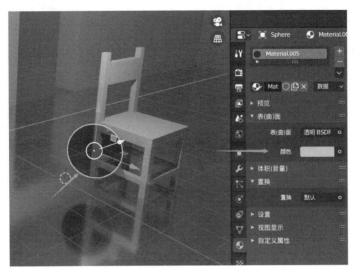

图 5-9　选择透明 BSDF 着色器

该材质提供了纯净的透明度。如果要平滑球体的着色效果，可以按 Z 键，然后从饼状菜单中选择"平滑着色"命令。要获得更高级的透明效果，可以选择玻璃 BSDF 着色器，并设置材质。可以注意到，材质的预览框中也将显示接近玻璃球的效果，如图 5-10 所示。

图 5-10　显示接近玻璃球的效果

可以使用 IOR 参数控制材质的折射率。常见材质的 IOR 折射率如表 5-1 所示。

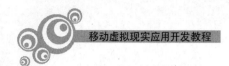

表 5-1 常见材质的 IOR

材 质 名 称	最 小 值	最 大 值
有机玻璃(亚克力)	1.490	1.492
空气	1.000	
酒和酒精(含沉淀物颗粒)	1.360	
铝	1.390	1.440
沥青	1.635	
啤酒	1.345	
青铜	1.180	
铜	1.100	2.430
水晶、石英、结晶	2.000	
钻石	2.418	
翡翠、绿宝石、祖母绿	1.560	1.605
眼睛、镜头	1.410	
普通玻璃	1.500	
耐热玻璃	1.474	
金	0.470	
冰	1.309	
铁	2.950	
象牙	1.540	
铅	2.010	
透明的合成树脂	1.495	
汞	1.620	
奶	1.350	
镍	1.080	
尼龙	1.530	
珍珠	1.530	1.690
塑料	1.460	
特氟隆	1.350	1.380
钛	2.160	
伏特加	1.363	
水(35℃)	1.325	

5.3　将对象作为光源

可以通过选择"自发光（发射）"着色器将对象设置为光源，为场景照明做出贡献。着色器提供两个选项控制自发光对象的光的颜色和强度，如图 5-11 所示。

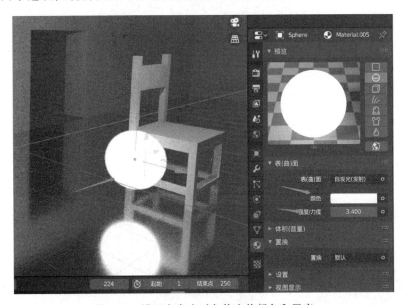

图 5-11　设置自发光对象的光的颜色和强度

5.4　为对象指定多种材质

为一个对象指定一种材质很容易，但是有时要求对同一对象使用多种材质。为此，可以使用材质索引。在材质面板的顶部可以看到每个对象都有其材质的索引列表，如图 5-12 所示。可以使用右侧的"＋"图标添加更多材质索引，使用"－"图标将选定的材质索引删除。

图 5-12　材质索引列表

选择对象并进入编辑模式后,将在材质面板底部看到"指定""选择"和"弃选"按钮,如图 5-13 所示。

图 5-13 "指定""选择"和"弃选"按钮

例如,选择椅子模型,然后在编辑模式下仅选择座位面。单击加号创建新索引,然后单击"新建"按钮添加新材质。将材质颜色设置为与整个椅子不同的色调。在编辑模式下,单击"指定"按钮,把新材质应用到座位面,如图 5-14 所示。可以使用相同的方法将各种材质应用于对象的不同部分。

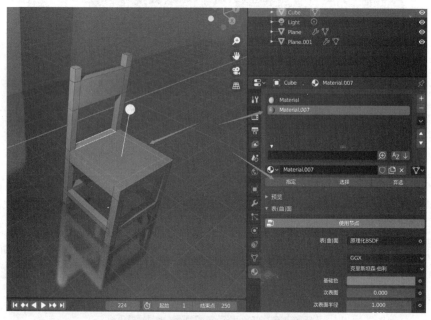

图 5-14 把新材质应用到座位面

第6章　建模实例

在本章中,将利用 Blender 建立一只机械蝎的模型。首次打开 Blender 时,初始场景中有一个立方体,如图 6-1 所示。

图 6-1　初始场景

这里不需要立方体,所以确保该对象已被选中,按 X 键删除它。提示信息将出现在光标下方,单击"删除"按钮删除该对象,如图 6-2 所示。

图 6-2　删除对象时的提示信息

注意:Blender 中的快捷键只在特定视图中有效。如果有些快捷键无法正常工作,应转到正确的视图上,然后重试。

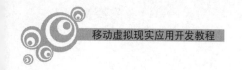

6.1 设计轮子

首先创建一个圆柱体。创建一个新对象要按 Shift＋A 键。

光标下方将出现一个弹出菜单。选择"网格""柱体"命令，如图 6-3 所示。

图 6-3 选择"网格"→"柱体"命令

在屏幕左下方的"添加柱体"面板中，将"顶点"设置为 20（该选项设置的是顶点个数），将"深度"设置为 0.3m，如图 6-4 所示。

在 3D 视图中会出现圆柱体，如图 6-5 所示。

图 6-4 "添加柱体"面板

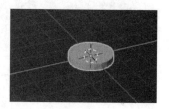

图 6-5 3D 视图中的圆柱体

按 R 键使其旋转，将圆柱体侧立起来。移动鼠标可以自由旋转对象。在旋转的同时可以查看右上方的轴指示器。如果想绕 Y 轴旋转圆柱体，按 Y 键。要精确旋转圆柱体，可输入 90 并按 Enter 键。这里可以直接在键盘上连续输入 R Y 90，再按 Enter 键，就能完成以上操作。

注意：这种快捷操作对于移动（G 键）和缩放（S 键）都适用，其中第一个是变换类型（移动、缩放或旋转），第二个是轴名称，第三个是变换量（距离、比例或角度）。

1. 视角

在进一步编辑轮子之前，先切换视图，以便看到其侧面。以下是用于切换视图的快捷键：

- 1 键：用于切换到正视图。
- 3 键：用于切换到侧视图。
- 7 键：用于切换到顶视图。
- 5 键：在透视图和正交视图之间来回切换。

按 3 键可获得正交右视图,并且透视图处于关闭状态,如图 6-6 所示。

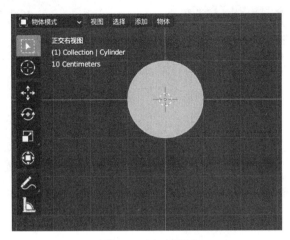

图 6-6 正交右视图

按 Tab 键进入编辑模式,选择点模式,按 J 键分别连接以下 3 对点: 1、2 两点,3、4 两点以及 5、6 两点,如图 6-7 所示。

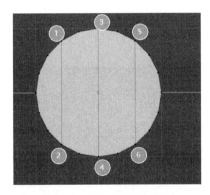

图 6-7 分别连接 3 对点

2. 网格选择模式

在编辑模式下,有时要处理点(顶点),有时要处理边缘,有时要处理整个面。使用 3 个模式可以处理网格的这些元素: 点选择模式、边选择模式和面选择模式。通过按 Ctrl+Tab 键或使用 3D 视图顶部的切换按钮在这 3 种模式之间切换。面选择模式如图 6-8 所示。

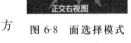

图 6-8 面选择模式

首先单击一个面,然后按住 Shift 键并单击其他面,用这种方法选择 4 个新创建的面。选定的面突出显示,如图 6-9 所示。

3. 旋转镜头

有时需要切换到稍微不同的视角才能进行下一个操作。按鼠标中键并拖动鼠标以使相机视图围绕模型旋转。按住 Shift 键的同时按鼠标中键并拖动鼠标则可以平移视图,可以使用鼠标滚轮放大和缩小视图。旋转镜头后的视图如图 6-10 所示。

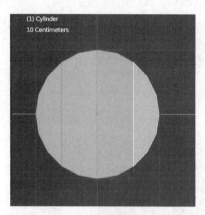

图 6-9　选定的面突出显示

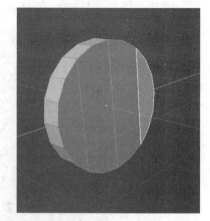

图 6-10　旋转镜头后的视图

4. 内插面工具

内插面工具可创建比当前所选面稍小的副本。按 I 键调用插入工具,将鼠标拖到对象的中心,这里希望每个面都被插入,而不是整个面。再次按 I 键进入内插面工具的"各面"模式。在内插面工具仍处于活动状态时,可以调整插入的高度以在这些面的边缘创建斜边。按住 Ctrl 键并从对象中心向外拖动鼠标以调整插入的高度,单击以完成插入操作。内插面结果如图 6-11 所示。

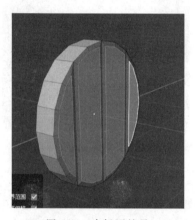

图 6-11　内插面结果

按 Tab 键返回物体模式。按 Ctrl+S 键将模型保存为 Scorpion 01-Wheel.blend。

6.2　制作轮轴

添加一个圆柱体作为轮轴,按 Shift+A 键并选择弹出菜单中的"网格"→"圆柱体"命令,在左下方的面板中,将"深度"设置为 3。输入 R Y 90 并按 Enter 键旋转该圆柱体。依次输入 S Shift-X 0.2 以缩放轴,结果如图 6-12 所示。请注意,按 Shift+X 键会将指定的 X 轴从缩放操作中排除,即对象仅在 Z 轴和 Y 轴上缩放。这也适用于移动和旋转操作。

注意：如果新对象没有出现在场景的中心,则可能是由于在3D视图中移动了3D游标。所有新对象都与3D游标对齐。可以通过按Shift+S键并在饼状菜单中选择"游标"→"中心"命令将其重置为场景的中心。

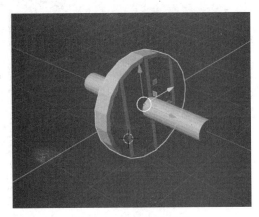

图 6-12　缩放轴的结果

6.3　复制轮子

单击轮子对象以将其选中。依次输入 G X 1.2,然后按 Enter 键将车轮移至轮轴的末端。接着输入 Shift+D X −2.4 并按 Enter 键以复制轮子。添加轴和距离会立即使轮子的副本沿指定轴移动。现在,第二个轮子正好在它需要的位置。依次输入 R Z 180 并按 Enter 键以旋转轮子,使轮子边缘的斜面朝外。轮轴的结果如图 6-13 所示。

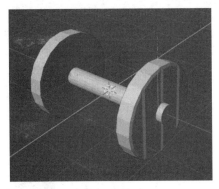

图 6-13　轮轴的结果

1. 应用变换

在为 Unity 建模时,对象的旋转和比例非常重要。将对象缩放到所需尺寸后,应用变换会将缩放值重置为 1,将旋转值重置为 0。如果不这样做,Unity 中的三维模型将遇到缩放和旋转问题。正确的处理方式是:选择轮子,然后按 N 键显示其变换属性,如

图 6-14 所示。请注意，此时旋转值和缩放值均已被重置。

图 6-14　显示轮子的变换属性

按 Ctrl＋A 键并选择饼状菜单中的 Apply All 命令，对每个车轮都应用变换，如图 6-15 所示。选中的物体不会改变形状，并且图 6-14 中的所有数值都将重置。

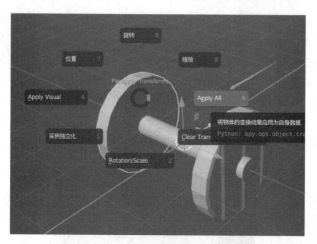

图 6-15　对每个车轮都应用变换

2. 连接对象

由于这 3 个对象在 Unity 中作为 3 个独立的对象进行动画处理，因此，如果将它们组合成一个对象，则使它们更易于使用。右击一个车轮将其选中，然后按住 Shift 键，右击另一个车轮，再右击轮轴，按 Ctrl＋J 键把这三者组合成一个对象。最后选择轮轴很重要。注意，组合后对象中心的点是新对象的原点。在 Blender 和 Unity 中，应用于对象的变换将围绕原点进行。组合对象时，最后选择的对象是保留其原点的对象。

如果需要重置对象的原点，应确保对象处于物体模式，然后在 3D 视图顶部的"物体"

菜单中选择"设置原点"→"原点"→"几何中心"命令,将原点吸附到物体的几何中心,如图 6-16 所示。

3. 重命名对象

由于后面要对该对象进行动画处理,因此给它一个可识别的名称将很有帮助。Blender 右上方的面板是大纲视图。在大纲视图中双击圆柱体对象的名称,并将其更改为 axe,如图 6-17 所示。

图 6-16 将原点吸附到物体的几何中心的命令   图 6-17 将圆柱体对象的名称更改为 axe

6.4 添加基础

可以通过按 Shift+A 键并选择"网格"→"立方体"命令创建一个新的立方体,如图 6-18 所示。

图 6-18 创建一个新的立方体

进行两次缩放操作。依次输入 S、Z、0.2 并按 Enter 键,然后输入 S、Y、2 并按 Enter 键。向上移动到轴的顶部,依次输入 G、Z、0.4 并按 Enter 键。立方体两次缩放的结果如图 6-19 所示。

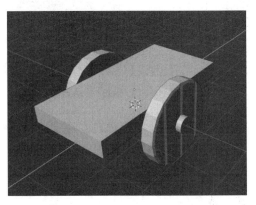

图 6-19 立方体两次缩放的结果

利用斜角工具可以在对象上创建斜角边缘。选择刚才建立的立方体,然后按 Tab 键进入编辑模式。立方体的所有面都应该已被选中。如果不是,请按 A 键全选。按 Ctrl＋B 键调用斜角工具,将所有面拖离对象的原点以增大斜角。可以看到斜角并非一致地应用于所有边缘,如图 6-20 所示。

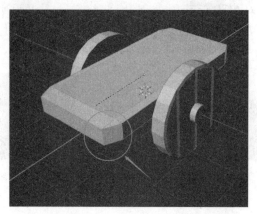

图 6-20　斜角并非一致地应用于所有边缘

如果希望底座的斜角始终保持 45°角,应使用 6.3 节所述的应用变换功能。图 6-20 展示的是不使用应用变换功能的效果。按 Esc 键结束斜角操作,然后按 Tab 键退出编辑模式。按 Ctrl＋A 键并进行应用变换操作。按 Tab 键返回编辑模式。再次按 Ctrl＋B 键并拖动所有面以调整斜角的大小。当对斜角效果满意时,单击结束斜角。按 Tab 键退出编辑模式。一致的斜角结果如图 6-21 所示。

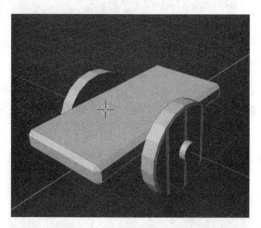

图 6-21　一致的斜角结果

注意:在拖动各个面生成斜角时,使用鼠标的滚轮可以增加斜角的圆度。

6.5　复制后轮轴

首先移动现有的车轴。右击车轴将其选中,输入 G Y 1.3 并按 Enter 键将其向后移动。还有一种复制对象的方法,称为复制链接。它将创建对象的可以移动、旋转和缩放

的副本,该副本与原始对象共享除了位置以外的所有数据(包括材质)。可以通过输入 Alt+D Y −2.6 并按 Enter 键创建和移动轮轴副本,如图 6-22 所示。

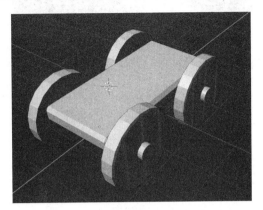

图 6-22　创建和移动轮轴副本

最后,按 Ctrl+S 键将模型保存为 Scorpion 02-Base.blend。

6.6　身体建模

这里需要再创建一个立方体作为身体。按 Shift+A 键创建一个立方体,接着输入 S、0.7 并按 Enter 键将其缩小,输入 G Z 1 并按 Enter 键将其向上移动,输入 G Y −1.3 并按 Enter 键将其向前移动,上述变换的结果如图 6-23 所示。

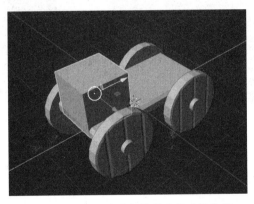

图 6-23　对立方体进行缩放和移动的结果

按下鼠标中键并拖动鼠标,将视角旋转至立方体的另一侧,然后按 Tab 键进入编辑模式。确保处于面选择模式,选择立方体的顶面。注意,如果进入编辑模式时已经选择了某些面,应按 A 键取消选择。输入 S X 1.5 将该面加宽,如图 6-24 所示。

1. 环切

环切可以在多个连接的面的中间进行切割。如果要沿着机械蝎的背部中线创建一条凸出的脊,环切工具非常适合此操作。按 Ctrl+R 键调用环切工具。将指针悬停在边

图 6-24　将立方体的顶面加宽

缘上，会看到一条线，显示了环切的位置，如图 6-25 所示。将鼠标指针移到环切线上并单击确认。

　　默认情况下，环切恰好位于立方体中央，这正是目前想要的。无须移动鼠标，再次单击即可确认该位置并应用环切，如图 6-26 所示。

图 6-25　环切的位置

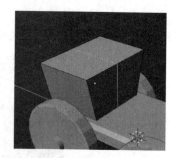

图 6-26　确认环切位置

　　注意：在第二次单击之前移动鼠标可以移动环切位置。滚动鼠标滚轮可以创建多个环切。环切仅适用于封闭连接的四边形（具有 4 个边的面），所以仅使用四边形建模是一种很好的习惯。

　　2. 塑造身体

　　完成环切后，将自动切换到边选择模式。单击顶部中间的边，向上拖动蓝色箭头，或输入 G Z 0.3 并按 Enter 键，如图 6-27 所示。切换到面选择模式，选择立方体侧立面的两个面。

　　3. 挤出尾巴

　　挤出工具会将选定的面向外拉伸，从而沿侧面创建新面。这是用于创建节状身体的主要工具。按 E 键挤出选定的面。这里只需要进行一次很小的挤出，因此只需稍微移动鼠标,然后单击以完成挤出。按 S 键并拖动以将新面缩小一点,如图 6-28 所示。

图 6-27 将顶部向上拉

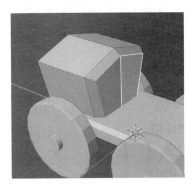

图 6-28 将新面缩小一点

再次按 E 键并进行较大的挤出,长度大约与第一节相同,接着按 S 键并拖动以使其末端稍稍变大,如图 6-29 所示。

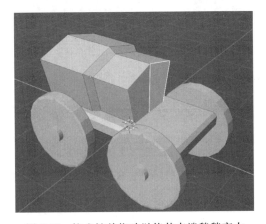

图 6-29 按 S 键并拖动以使其末端稍稍变大

重复上面的挤出过程,直到形成几个逐渐变小的节,如图 6-30 所示。按 3 键切换到侧视图,操作会更容易。

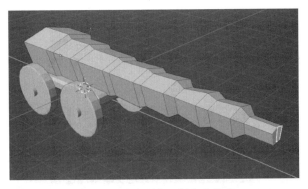

图 6-30 形成几个逐渐变小的节

提示: 按住 Shift 的同时按下鼠标中键并拖动鼠标可以平移视图。

"挤出"操作分为两个步骤。它会在首先沿着边缘创建新面,然后移动新面。如果开始挤出后右击或按 Esc 键取消,则只取消第二步。此时仔细观察,会看到边缘上有两个面重叠的现象,这些多余的面最终可能导致模型出现问题。要完全取消挤出操作,应先按 Esc 键,然后按 Ctrl+Z 键。

最后将文件的副本保存为 Scorpion 03-Body.blend。

6.7 头部建模

按下鼠标中键并拖动视图,使视角转到模型前部。选择身体第一节的前面两个面。按 S 键并按比例缩小这两个面,使其变成棱台形状,如图 6-31 所示。

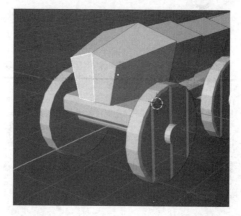

图 6-31 将身体第一节变成棱台形状

保持当前选择的面,按 E 键并拖动鼠标一小段后单击,然后按 S 键并拖动鼠标一小段后单击,以形成头部的后部。按 3 键切换到侧视图,然后用挤出操作基于所选内容以制作头部形状。接着按 R 键旋转选定的面以使头呈楔形。因为当前处于侧视图中,所以旋转锁定在特定轴上,只需按 R 键并拖动鼠标完成相应的旋转。按 G 键微微向下移动头部的前部,如图 6-32 所示。

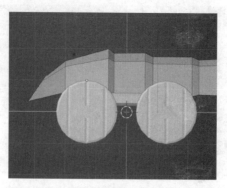

图 6-32 按 G 键微微向下移动头部的前部

旋转视图,以便可以看到头部的前部正面。切换到边选择模式,单击头部中间的边以将其选中。按3键返回侧视图。按G键并向下移动所选边沿并向前移动一点,拉出头部前端的凸起如图6-33所示。按Tab键返回物体模式。

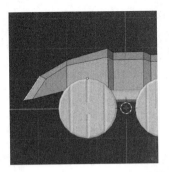

图6-33　拉出头部前端的凸起

最后将文件的副本保存为Scorpion 04-Head.blend。

6.8　制作螯

按7键切换到顶视图。按Shift＋A键添加一个新的立方体并将其移到侧面。按鼠标中键并拖动鼠标在顶视图中旋转视角,然后输入S Z 0.5并按Enter键,接着输入S X 0.8并按Enter键缩放立方体。按Ctrl＋A键应用旋转和缩放。按Tab键进入编辑模式,按Ctrl＋R键创建一个环切,如图6-34所示。这次要将切口向后移动一点,而不是在正中间。

切换到面选择模式,选择立方体的正面和背面,分别将它们缩小一点,然后围绕对象旋转视图以执行此操作,如图6-35所示。

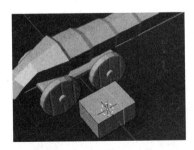

图6-34　创建一个环切

图6-35　将前后两个面缩小一点

按Tab键返回物体模式。输入R Z －45并按Enter键旋转对象。按Tab键进入编辑模式,选择两个面,如图6-36所示。

输入I 0.2并按Enter键插入面,如图6-37所示。

输入E 1.2并按Enter键挤出选择的面,如图6-38所示。

切换到边选择模式,然后选择如图6-39所示的边。

图 6-36　选择两个面

图 6-37　插入面

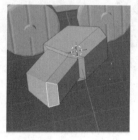

图 6-38　挤出选择的面

图 6-39　选择边

按 7 键切换到顶视图,按 G 键并移动选定的边,如图 6-40 所示。

旋转视图,以便看到螯的侧面。切换到面选择模式,选择如图 6-41 所示的面。

图 6-40　移动选定的边

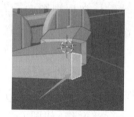

图 6-41　选择面

按 7 键切换到顶视图。按 G 键并移动选定的面,如图 6-42 所示。

旋转视图以查看螯的前部。选择左侧的面。输入 I 0.2 并按 Enter 键对该面进行插入面操作,再输入 E 0.7 并按 Enter 键挤出,如图 6-43 所示。

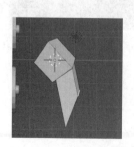

图 6-42　移动选定的面

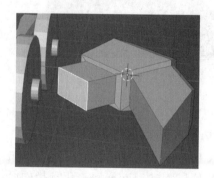

图 6-43　插入面并挤出

按 7 键切换到顶视图。按 G 键并移动选定的面,如图 6-44 所示。

旋转视图,以便可以看到螯的两个末端。切换到点选择模式,然后选择末端的两个顶点。按 M 键并选择"到中心"命令,合并这两个点,如图 6-45 所示。

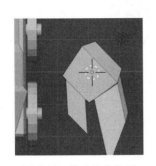

图 6-44　移动选定的面

图 6-45　选择"到中心"命令

对另一只螯的末端重复此过程,结果如图 6-46 所示。

旋转视图,以便可以看到螯的后面。切换到面选择模式,然后选择如图 6-47 所示的面。输入 I 0.2 并按 Enter 键插入面。

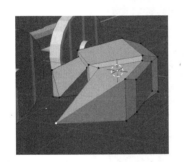

图 6-46　将爪末端的两个点合并

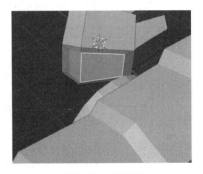

图 6-47　选择面

按 7 键切换到顶视图,接着输入 E 1 并按 Enter 键进行挤出操作,再输入 S 0.5 并按 Enter 键缩小挤出的末端。确保仍处于顶视图中,然后输入 R －10 并按 Enter 键微稍旋转末端。按 E 键,拖动鼠标稍微拉伸末端,如图 6-48 所示。

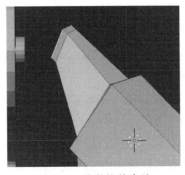

图 6-48　稍微拉伸末端

输入 S 1.5 并按 Enter 键缩放选择的末端,输入 E 1 并按 Enter 键挤出下一个片段,输入 S 0.3 并按 Enter 键缩小末端,然后按 G 并移动前肢的末端,使其与身体相连,结果如图 6-49 所示。

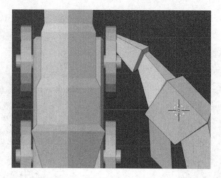

图 6-49　使前肢与身体相连

按 Tab 键返回物体模式。绕模型侧面旋转视角会看到前肢的全貌。向上拖动蓝色(代表 Z 轴)箭头,直到将前肢移到轮子上方,如图 6-50 所示。

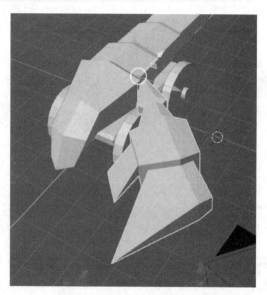

图 6-50　将前肢移到轮子上方

6.9　复制并镜像前肢

现在有了前肢,需要将其复制并翻转到另一侧。在执行此操作之前,请按 N 键查看属性面板。注意,在镜像对象时,对象可能仍然具有 Z 旋转值,这将干扰镜像操作,所以要按 Ctrl+A 键应用旋转和缩放。

由于要复制对象,因此现在要在大纲视图中对每个对象重新命名,以使得场景中的

名称井然有序,如图 6-51 所示。

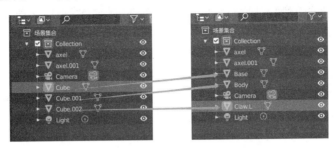

图 6-51　在大纲视图中对每个对象重新命名

对于对象的左右版本(如前肢和后肢),在对象名称的末尾分别加上".L"和".R"是一种很好的做法。

现在开始镜像前肢。按 7 键切换到顶视图。右击前肢以将其选中,然后按 Alt+D键,再立即按 Enter 键,以创建对象的链接副本并将其固定在初始位置。按 Ctrl+M 键调用镜像工具,可能没有看到明显的变化。如果查看 3D 视图的底部,则会看到镜像的参数输入面板。在该面板中选择 X 轴以完成镜像操作,如图 6-52 所示。

图 6-52　选择 X 轴以完成镜像操作

6.10　更改轴心点

Blender 操作始终以轴心点为中心。到目前为止,一直在使用默认轴心点,它是当前对象的原点。轴心点还有其他几个选项,可以在 3D 视图顶部的菜单中看到这些选项,如图 6-53所示。

图 6-53　轴心点选项

将轴心点更改为场景中心的 3D 游标(请记住,按 Shift+S 键后,如果 3D 游标已移动,应选择饼状菜单中的"游标"→"世界原点"命令)。现在,当镜像前肢时,镜像对象将依照 3D 游标进行翻转。

可以按 Ctrl+Z 键撤销先前的镜像操作,接着按 Ctrl+M 键和 X 键,然后按 Enter 键以在 X 轴上镜像。

注意:按"."可以快速将轴心点切换为 3D 游标。按","可以将其切换回边界框中心。在此模式下,轴心点实际上是对象的原点,并不总是边界框中心。

6.11 破坏球建模

下一步在机械蝎尾巴的末端为其添加一个破坏球作为武器。在了解了 3D 游标和轴心点的知识后,现在利用这些知识来更改新对象的创建位置。

旋转视图,以便可以看到尾巴的末端。选择主体对象,然后按 Tab 键进入编辑模式,并切换到边选择模式。选择中间的边缘。按 Shift+S 键,在饼状菜单中选择"游标"→"选中项"命令,将看到 3D 游标吸附到当前选中项的中心,如图 6-54 所示。

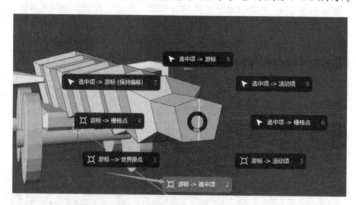

图 6-54 选择"游标"→"选中项"命令

按 Shift+A 键并在弹出菜单中选择"棱角球"命令。请注意,此时在编辑模式下添加了一个新的网格,这与创建两个单独的对象并将它们组合在一起的方法基本相同,就像对轮子和车轴所做的操作那样。现在,棱角球网格已成为身体对象的一部分。切换到面选择模式。选择棱角球上的一个面,输入 E 0.6 并按 Enter 键挤出面,按 M 键合并所选面的 3 个点,如图 6-55 所示。

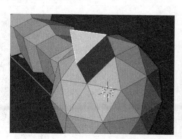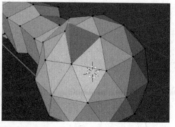

图 6-55 合并所选面的 3 个点

对周围的多个面重复此过程，以创建多个尖刺，如图 6-56 所示。

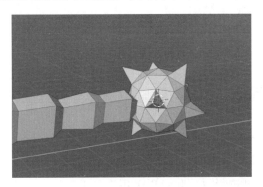

图 6-56　创建多个尖刺

按 Tab 键退出编辑模式，再将视图切换到渲染视图，如图 6-57 所示。

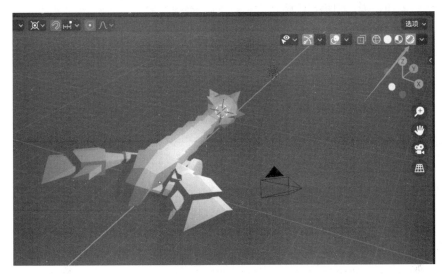

图 6-57　渲染视图

提示：完成模型后，要在继续操作之前按 Ctrl＋A 键以对所有对象应用变换。

第 7 章　UV 贴图

在 Blender 中对模型进行纹理化可以采用许多不同的方法。本章将介绍三维设计中最常用的方法——UV 贴图。UV 贴图允许将二维图像的一部分(网格)投影到三维对象的每个面上。通常,这是通过"展开"三维对象的表面来完成的,以便可以将 UV 贴图平铺在三维对象的表面,如图 7-1 所示。

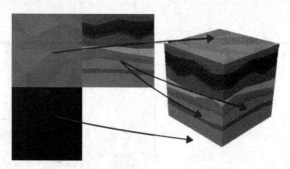

图 7-1　将 UV 贴图平铺在三维对象的表面

在图 7-1 中,简单立方体的各个面都映射到 UV 贴图的不同区域。UV 贴图允许将不同区域应用于多个面。在图 7-1 中,立方体的 4 个侧面都使用 UV 贴图的相同区域。

创建 2D 纹理需要图像编辑器。可以使用 Photoshop。开源的 GIMP 也是不错的选择。GIMP 是可在所有平台上运行的开源图像编辑器。它是免费的,并且功能完备。它真正缺乏的只是知名度。本章的内容适用于 GIMP,也可以使用其他任何图像编辑器。

首先在网址 http://www.gimp.org/downloads/下载适用于 Windows、Mac 或 Linux 的 GIMP,并进行安装。

7.1　创建纹理

启动 GIMP,在创建新文档之前,要设置图像网格以使其易于使用。在菜单栏中选择"编辑"菜单下的"首选项"命令,打开"首选项"对话框,在左侧选择"默认图像"→"默认网格",然后将"间距"的"水平"和"竖直"的值均更改为 32,如图 7-2 所示。

单击"确定"按钮,然后选择"文件"菜单中的"新建"命令建立纹理。最好将图像大小设置为 2 的幂,例如 128×128、256×256、512×512 等。因为本章的纹理只使用纯色,不

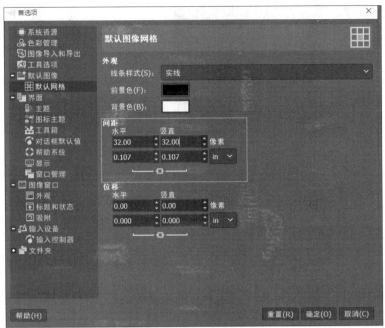

图 7-2　首选项设置

需要很大的图像,所以这里将图像大小设置为 256×256,如图 7-3 所示。

选择"视图"菜单中的"显示网格"命令,使网格可见,然后选择"视图"菜单中的"吸附到网格"命令。在继续操作之前,请保存文档到三维模型所在的文件夹中。

在工具栏中单击矩形选择工具,如图 7-4 所示。

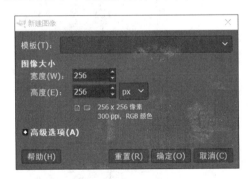

图 7-3　将图像大小设置为 256×256

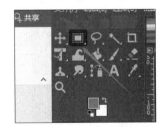

图 7-4　单击矩形选择工具

在编辑区的左上方选择 5 个正方形网格,如图 7-5 所示。

单击工具栏中的前景色以选择一种颜色,如图 7-6 所示。

使用颜色选择器选择要在这 5 个网格上使用的颜色。在 HTML 标记字段中输入707070 以使用灰色,然后单击"确定"按钮。选择"编辑"菜单中的"用前景色填充"命令,用前景色填充选择区域。

再选择下一排 5 个正方形网格并为其选择一种新颜色。重复该过程,结果如图 7-7所示。

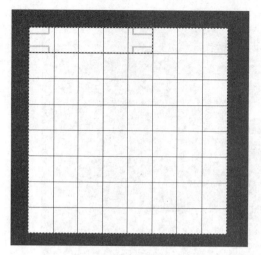

图 7-5 选择 5 个正方形网格

图 7-6 为前景色选择颜色

图 7-7 中的颜色值从上到下依次为 707070、907e52、ffd200、97b8db、933900、e23715、375f1f、438891。接着选择"选择"菜单中的"无"命令。

虽然可以手动选择每种颜色，但是有一个简单的技巧，只需几个步骤即可一次添加所有选定颜色的较暗和较亮版本。

在图层面板中，单击新建图层按钮，然后在出现的对话框中单击"确定"按钮以创建新图层，如图 7-8 所示。

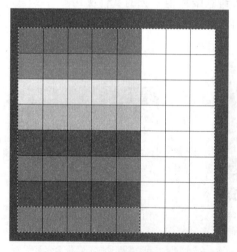

图 7-7 为每一排网格选择颜色

图 7-8 创建新图层

单击工具栏中的前景/背景图标，将颜色重置为黑白，如图 7-9 所示。

使用矩形选择工具选择网格中最左侧的列，然后按 Ctrl＋＋（加号）键，将其填充为黑色，如图 7-10 所示。

使用矩形选择工具选择网格中最右侧的列，然后按 Ctrl＋.（点）键，用白色填充它，如图 7-11 所示。

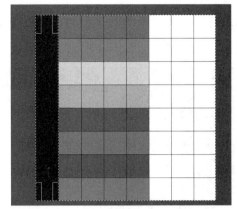

图7-9 将颜色重置为黑白　　　　　图7-10 将最左侧的列填充为黑色

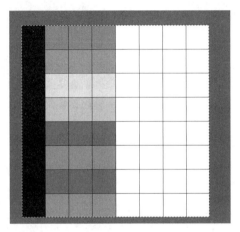

图7-11 将最右侧的列填充为白色

在图层面板中,将"模式"更改为"叠加",最左侧的列已被很好地着色,最右侧的列已被突出显示,如图7-12所示。

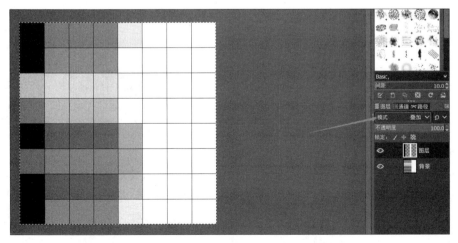

图7-12 将"模式"更改为"叠加"后的效果

创建另一个新图层并重复上述过程,但是这次选择第二列并用黑色填充。然后选择第四列,并用白色填充。将"模式"设置为"叠加"后,将"不透明度"设置为50%。图像的最终效果如图7-13所示。

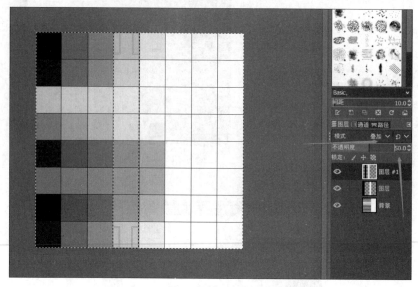

图 7-13　图像的最终效果

选择"文件"菜单中的"导出"命令,然后将图像保存到 Blender 文件所在的文件夹中,如图 7-14 所示。

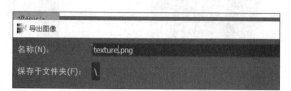

图 7-14　将图像保存到 Blender 文件所在的文件夹中

7.2　创建材质

在 Blender 中对模型进行纹理处理时,需要在属性面板中使用材质和纹理两个选项卡。打开第 6 章建立的机械蝎模型文件,确保处于物体模式。右击模型的主体以将其选中。在右侧的属性面板中,单击材质选项卡,然后单击"新建"按钮,如图 7-15 所示。

将材质命名为 matBody,如图 7-16 所示。

在属性面板中,单击纹理选项卡,然后单击"新建"按钮,确保将"类型"设置为"图像/影片",如图 7-17 所示。

向下滚动到"图像"选项区,然后单击打开图像按钮,选择刚创建的图像文件,如图 7-18所示。

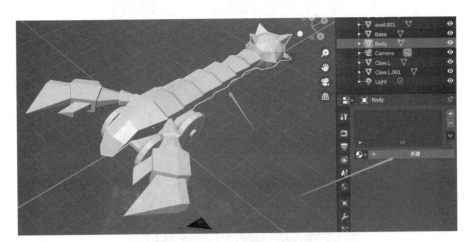

图 7-15 单击"新建"按钮创建材质

图 7-16 将材质命名为 matBody

图 7-17 将"类型"设置为"图像/影片"

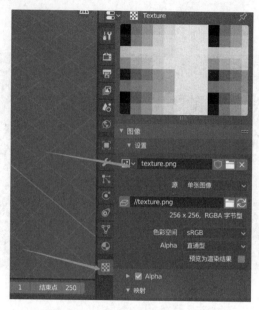

图 7-18　打开刚创建的图像文件

7.3　在场景中配置照明

在 3D 视图中,将视图着色方式切换为材质,如图 7-19 所示。这样,在主视图中就可以直接看到要应用的材质颜色。

可以发现场景变化不大,因为尚未 UV 映射模型。由于在 Blender 场景中使用默认照明,很难观察模型,绕着模型底部旋转时,模型看起来几乎是全黑的。在为模型添加颜色时,希望能够从任何角度看到它,所以这里对灯光进行修正。选择场景中的灯光,如图 7-20 所示。

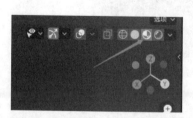

图 7-19　将视图着色方式切换为材质

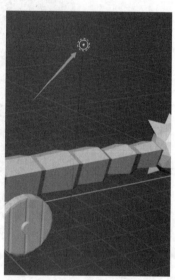

图 7-20　选择场景中的灯光

注意：也可以通过单击屏幕右上方大纲视图中的灯光对象来选择灯光。

在属性面板中，单击物体数据属性选项卡，然后在"灯光"选项区中，将灯光类型从"点光"更改为"日光"，同时将"强度/力度"设置为10，将"角度"设为30°，如图7-21所示。这样可以消除衰减，因为点光的位置越远，衰减就越严重。同时，日光可以使光线平行投射，从而场景中的所有物体将以相同的角度和相同的角度被照明。

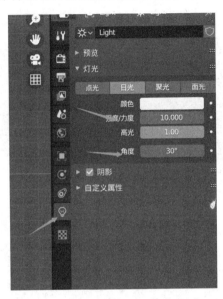

图7-21　将"点光"更改为"日光"

注意：日光的位置无关紧要，但角度很重要。日光的角度可由从光源投射的光线表示。

模型在视图中现在更亮了，但模型的另一侧仍然很暗。为了解决这个问题，需要创建一个补光灯。按1键切换到正视图，按Shift＋D键复制当前光源，然后将光源副本向下和向左移动。按R键并旋转光源副本的角度，使其指向与第一个光源相反的方向。在属性面板中，将"强度/力度"更改为6，将"高光"设置为0.6，如图7-22所示。

图7-22　光源副本属性设置

绕模型旋转视图，此时无论从哪个角度看，模型都能很好地被照亮。

7.4 UV 映射模型

在 Blender 窗口的顶部,切换到 UV Editing(UV 编辑)工作区,如图 7-23 所示。

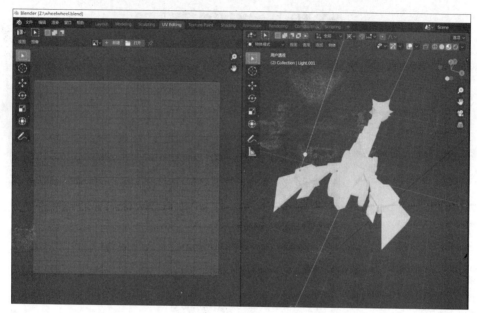

图 7-23 切换到 UV Editing 工作区

屏幕布局现在为并列显示两个面板,左侧为 UV/图像编辑器,右侧为 3D 视图。将光标移到 3D 视图上,然后按 T 键打开或者关闭工具面板。将光标放在 UV/图像编辑器上,按 N 键切换开启或者关闭属性面板,这样可以提供更多的屏幕空间。将 UV 编辑工作空间中的视图着色模式切换为材质,如图 7-24 所示。这样便于看到应用于模型的材质颜色。

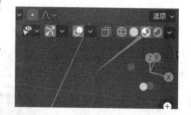

图 7-24 视图着色模式切换为材质

7.5 打开二维纹理

在左侧 UV/图像编辑器面板的顶部,单击打开图像按钮,打开先前制作的图像文件,如图 7-25 所示。

图 7-25 单击打开图像按钮

单击顶部的固定按钮,以防止在3D视图中选择其他对象时,Blender显示新对象的纹理。每个对象都只有一个纹理,因此只应该看到该纹理,如图7-26所示。

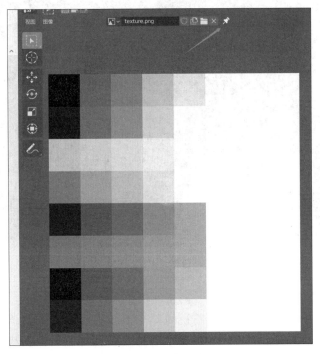

图7-26 固定按钮

7.6 UV贴图工具

虽然模型是三维的,但实际上可以把模型外表面看成平坦的。UV贴图允许"展开"模型并将其平放在二维纹理上。如果要绘制纹理,则可以将模型的面排列到纹理上,然后在图像编辑器中绘制模型各个面的纹理。

在3D视图中选择模型的身体部分,单击材质面板中"基础色"右侧的圆圈图标,如图7-27所示。

此时会弹出如图7-28所示的菜单,选择"纹理"下的"图像纹理"命令,如图7-28所示。

由于模型的每个面都具有单一的平面颜色,于是大大简化了UV贴图的过程。在3D视图中,选择模型的身体部分。按Tab键切换到编辑模式,确保处于面选择模式,首先选择组成身体的面,由于此时不希望添加尾部的破坏球部分,因此按A键取消全选。然后选择身体上的一个面,按L键将其附加到当前选定的内容中。当将多个网

图7-27 单击"基础色"右侧的圆圈图标

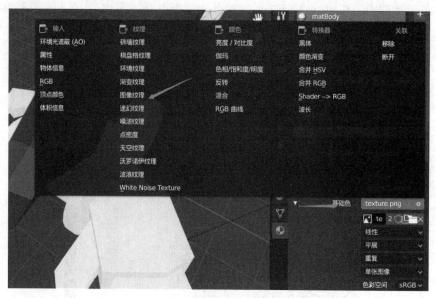

图 7-28　选择"图像纹理"命令

格合并到一个对象中时,这是添加单一网格的快捷方式。

　　按 1 键,然后按 5 键切换到正交前视图。按 U 键并在弹出的菜单中选择"从视图投影"命令。可以想象为网格被压扁了。在左侧的 UV/图像编辑器面板中,将展平的网格投影到图像上。

　　将鼠标移到 UV/图像编辑器面板上,并使用与 3D 视图相同的快捷键进行移动和缩放:按 G 键进行移动,按 S 键进行缩放,使整个物体适合其中一个彩色方块,然后将其移至最暗的绿色方块上。此时网格上有一些简单的暗绿色,可以使颜色有一些变化,使物体生动起来。

　　将光标置于 3D 视图中,按 7 键切换到顶视图。要使单独的身体节具有略微不同的颜色,需要选择相连的环状面,这些环状面环绕着机械蝎的身体。在面选择模式下,按住 Alt 键单击以执行循环选择操作,如图 7-29 所示。它将选择边两侧的四边形,并且所有连接的环状面围绕模型。绕模型旋转视图以检查选择了哪些面。

图 7-29　执行循环选择操作

按7键返回顶视图。按住 Shift 键并右击,然后在所选节的正前方单击该节,将其添加到选定的节中。现在,在 UV/图像编辑器面板中选择在 3D 视图中选定的面,按 G 键将它们移到较浅的绿色阴影下。对每一节重复该过程。完成后,按 L 键再次选择整个身体,UV 贴图如图 7-30 所示。

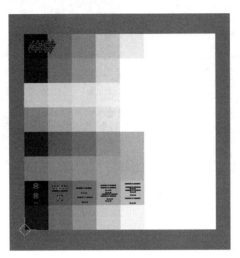

图 7-30 UV 贴图

现在,身体颜色的变化在每一节都有所体现,如图 7-31 所示。

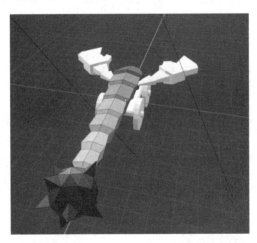

图 7-31 身体颜色的变化在每一节都有所体现

7.7 为头部着色

旋转视图到机械蝎的最前面,然后选择头部最前面的两个面,按 Ctrl＋＋(加号)键以添加选择的面,直到选择了头部的所有面。

在 UV/图像编辑器面板中,按 G 键并将选定的面移到红色正方形区域中,如图 7-32

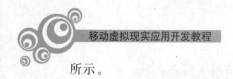

所示。

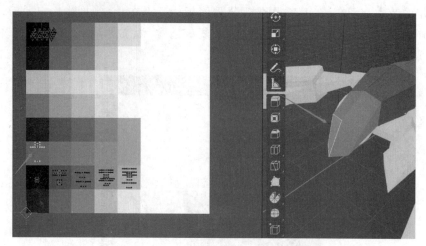

图 7-32　将选定的面移到红色正方形区域中

7.8　将材质分配给每个对象

切换回"默认"布局。按 Tab 键切换回物体模式。右击前肢之一将其选中。在属性面板中,选择材质选项卡,单击"新建"按钮左侧的材质按钮,从弹出的对话框中选择刚刚创建的材质,把材质分配给前肢,如图 7-33 所示。

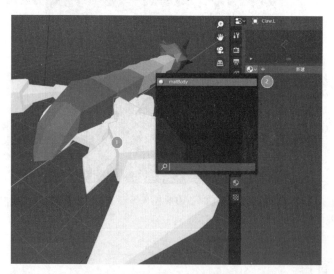

图 7-33　把材质分配给前肢

按照上面的步骤给螯分配材质,如图 7-34 所示。

对场景中的每个对象重复上面的过程,为所有对象分配材质,如图 7-35 所示。

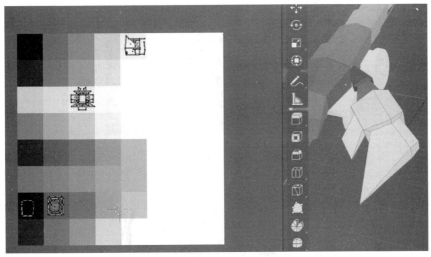

图 7-34　把材质分配给螯

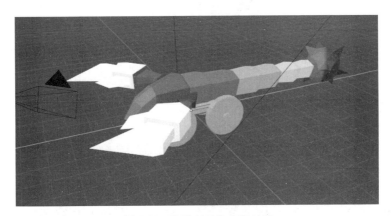

图 7-35　为所有对象分配材质

7.9　为破坏球着色

将屏幕布局切换回 UV/图像编辑器面板,即可开始对模型的破坏球部分进行 UV 映射。选择身体对象。按 Tab 键进入编辑模式,确保处于面选择模式。选择破坏球凸起的刺上的一个面,按 L 键选择所有刺上的面,如图 7-36 所示。

按 U 键并从弹出菜单中选择"智能 UV 投射"命令,将网格智能展开并投影到 UV 贴图上,如图 7-37所示。

在 UV/图像编辑器面板中,缩放网格并将其放

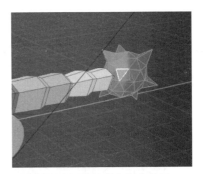

图 7-36　选择所有刺上的面

图 7-37　"智能 UV 投射"命令

置在如图 7-38 所示的颜色框内。

图 7-38　缩放网格并将其放置在颜色框内

在 3D 视图中,取消选择面,然后选择一些面,在 UV/图像编辑器面板中按 G 键移动至两色区域,以添加一些颜色变化,如图 7-39 所示。

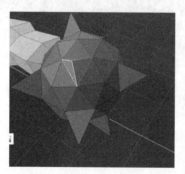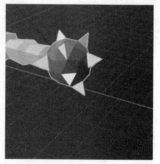

图 7-39　为一些面添加一些颜色变化

7.10　连接身体各部位和小车

现在,前肢已经完成 UV 贴图,可以将它们与身体对象连接在一起。如果在加入 UV 映射之前就加入前肢,则必须分别对每个贴图进行 UV 映射。将这 3 个对象结合在一起为设置动画打下了基础。

选择其中一个前肢,然后按住 Shift 键选择另一个前肢,最后按住 Shift 键并选择身

体。选择顺序很重要,选择的最后一个对象是合并的主体,会保留其原点。按 Ctrl+J 键合并 3 个对象,如图 7-40 所示。最后,用同样的方法把机械蝎和下面的小车连接起来。

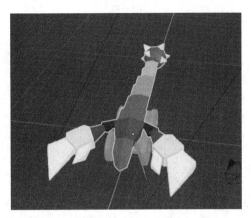

图 7-40　合并 3 个对象

7.11　隐藏的问题

如果此时将模型导出,放入 Unity 环境,效果如图 7-41 所示。在 Unity 中会看到另一个前肢的网格面内部。

图 7-41　模型在 Unity 中的效果

对一个对象进行镜像时,Blender 通过对 X 轴使用-1 的比例来实现。当该对象与不具有该比例因子的其他对象连接在一起时,这会将该对象的面内翻。多边形表面朝外对的方向称为法向。镜像几何体时,法向也被翻转。

回到 Blender。有一种简单的方法可以检查模型的法向是否正确。在 3D 视图中,单击视图叠加层按钮,在"几何数据"选项区中,选择"面朝向"复选框,如图 7-42 所示。可以发现,不正确的法向已经用红色标记出来了,用这种方法可以轻松分辨出哪些面的法向正确。

在 3D 视图顶部的菜单栏中,选择"网格"菜单中的"法向"→"重新计算外侧"命令,便可修正法向错误,如图 7-43 所示。按 Tab 键返回物体模式。

图 7-42　勾选"面朝向"复选框

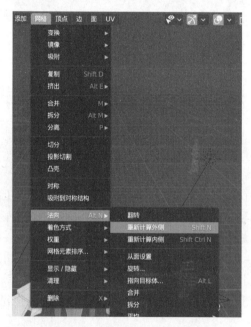

图 7-43　"重新计算外侧"命令

7.12 渲染模型

到目前为止模型看上去还不错。为了获得更好的效果,将"视图着色方式"更改为"渲染",如图 7-44 所示。

图 7-44 将"视图着色方式"更改为"渲染"

渲染效果看起来不错。有一种快速的方法可以使渲染效果更好。在渲染属性选项卡中选中"环境光遮蔽(AO)"复选框,如图 7-45 所示。

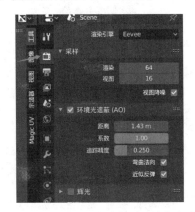

图 7-45 选择"环境光遮蔽(AO)"复选框

按 F12 键进行渲染,可以看到改进后的渲染效果,如图 7-46 所示。

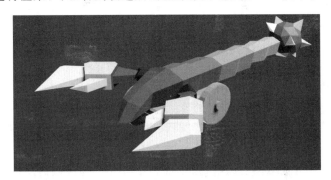

图 7-46 改进后的渲染效果

环境光遮蔽在计算场景中的环境光和阴影方面有更好的渲染效果,并且十分简单有效。

第 8 章　动画基础

像许多动画工具一样，Blender 使用骨架（rig）创建动画。骨架由一个或多个骨头组成。将网格物体应用于 rig，当骨头移动时，网格物体随之移动。Blender 中的骨头就像生物体内的骨头一样，具有关节，可以为它定义移动的位置和方式。装配骨架后的模型，如图 8-1 所示。

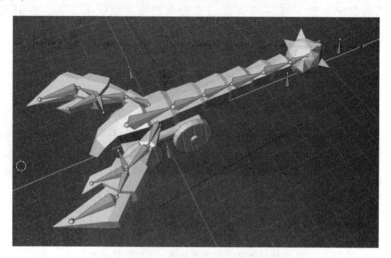

图 8-1　装配骨架后的模型

8.1　创建骨架

首先选择身体对象，按 Shift＋S 键，在饼状菜单中选择"游标"→"选中项"命令，如图 8-2 所示。3D 游标吸附到身体对象的原点。这是创建骨架的起点。

按 Shift＋A 键并在弹出菜单中选择"骨架"命令，创建第一个骨架，如图 8-3 所示。

按 3 键切换到侧视图，然后按 Tab 键进入编辑模式。此时很难看清刚刚建立的骨架，因为大部分骨骼在几何体内。在"属性"面板中，单击"物体数据属性"选项卡，然后选择"视图显示"下的"在前面"复选框，以便在视图内也可以看到骨骼，如图 8-4 所示。

骨骼的编辑模式与网格略有不同。可以通过单击骨骼的中间部分来选择骨骼。每个骨骼有两个末端，显示为球形。通过单击一个末端并按 G 键，可以独立选择和移动骨

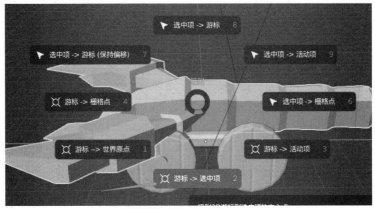

图8-2　选择"游标"→"选中项"命令

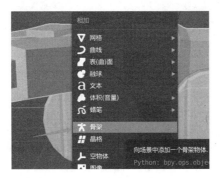

图8-3　创建第一个骨架

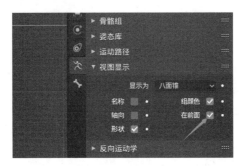

图8-4　选择"在前面"复选框

骼的末端。

选择了骨架后,物体模式/编辑模式窗口中会出现一个新项目——姿态模式。当需要进入编辑模式时,请小心不要错误地进入姿态模式。在姿态模式下,骨骼显示淡蓝色轮廓。

选择骨骼的末端,然后按 G 键将其向右移动,将其朝向尾部,如图8-5所示。

按 E 键并向右拖动鼠标可以拉伸骨骼的末端,从而创建一个全新的骨骼。对新骨骼的位置感到满意时,单击完成创建,得到的骨骼如图8-6所示。

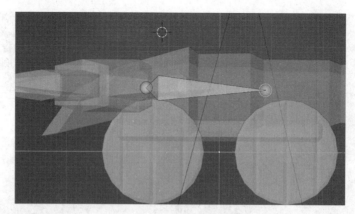

图 8-5　将骨骼末端朝向尾部

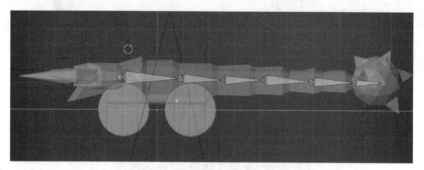

图 8-6　创建新的的骨骼

　　按 Tab 键返回物体模式，按 A 键取消选择。单击身体对象以将其选中，然后按住 Shift 键并单击骨架，以便将其也选中，如图 8-7 所示。在 3D 视图中很难做到这一点，因为骨架位于身体内。如果是这样，可以使用右上角的大纲视图进行选择。

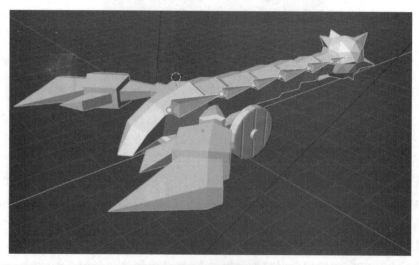

图 8-7　将身体和骨架都选中

注意：选择顺序很重要，确保最后选择骨架。

按 Ctrl＋P 键并在弹出菜单中选择"骨架形变"→"附带自动权重"命令，如图 8-8 所示。

一切似乎都改变，但是如果在大纲视图中查看，会发现身体（Body）现在是骨架（Amature）的子对象，如图 8-9 所示。

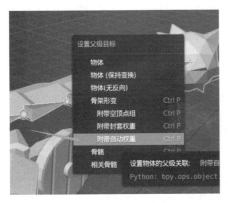

图 8-8 "附带自动权重"命令

图 8-9 身体是骨架的子对象

8.2 姿态模式

单击屏幕顶部的物体模式弹出窗口，然后选择姿态模式。单击骨架中的第二块骨骼，然后按 R 键旋转它，尾巴随之移动，如图 8-10 所示。

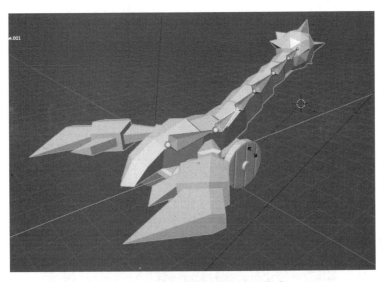

图 8-10 用第二块骨骼控制尾巴移动

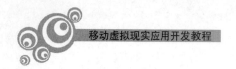

8.3　反向动力学

8.2节描述的动画控制方法(依次旋转每个骨骼,直到到达尾巴)被称为反向运动学(Inverse Kinematics,IK)。在反向动力学中,移动IK目标会自动调整骨架中每个骨骼的运动。这样,只需设置一个对象的动画即可。

切换回编辑模式,然后在破坏球的右侧右击,将3D游标移动到此处,如图8-11所示。

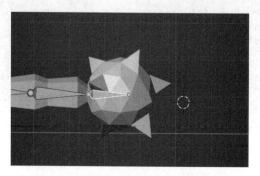

图8-11　将3D游标移动到破坏球的右侧

按Shift+A键添加新的骨骼。按A键取消选择,然后右击新添加的骨骼,以选择该对象。在"属性"面板中,单击"骨骼"选项卡,并将新添加的骨骼的名称更改为Tail IK,如图8-12所示。最好为所有骨骼命名,尤其是要进行动画控制的骨骼。稍后可以在动画窗口中通过它们的名称来识别它们。

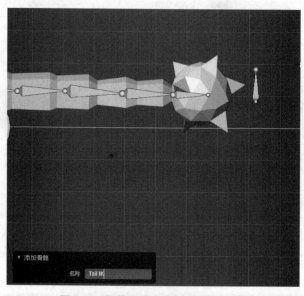

图8-12　将骨骼的名称更改为Tail IK

8.4 创建 IK 目标

切换到姿态模式。首先选择 IK 骨骼,然后按住 Shift 键并选择尾部的最后一个骨骼,如图 8-13 所示。

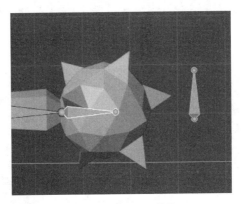

图 8-13 选择 IK 骨骼

按 Shift+Ctrl+C 键打开"添加约束(预指定目标物体)"菜单。在"跟踪"栏下,选择"反向运动学"命令,如图 8-14 所示。

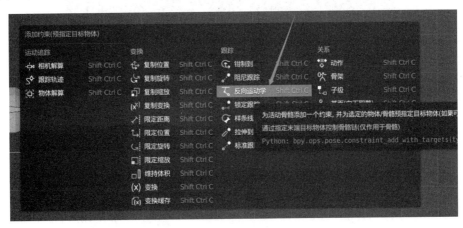

图 8-14 选择"反向运动学"命令

选择尾巴中的最后一根骨骼(现在突出显示为黄色)。在"属性"面板中,单击"骨骼约束"选项卡,然后设置"链长"值。由于尾部有 5 个骨骼,因此将"链长"值更改为 5,如图 8-15 所示。这将限制受 IK 目标影响的骨骼数。

选择 Tail IK 骨骼,然后按 G 键将其向上移动,可以发现尾巴也跟着向上弯曲,如图 8-16 所示。

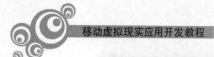

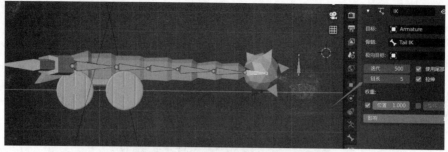

图 8-15　将"链长"值更改为 5

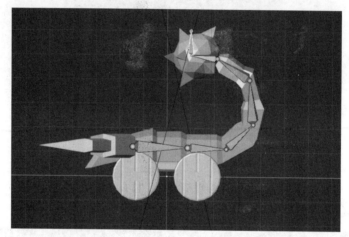

图 8-16　尾巴随着 Tail IK 骨骼向上弯曲

8.5　创建极向目标

　　本节对尾巴进行动画处理,让破坏球始终带动着尾巴,让它看起来有点像蛇的头在四处移动。但是,直接移动破坏球会使它看起来很轻。当用手投掷球的时候,一般是先向后拉手肘,然后前臂和球跟随手肘向前甩出。为了使破坏球看起来沉重,需要稍微移动一下尾巴,以便它先移动,再跟随破坏球运动。可以使用极向目标完成此效果。

　　切换到编辑模式。注意,此时不显示在姿势模式下设计的姿势,模型将恢复到静止位置,当然先前的姿势仍会保存。单击尾巴下方以放置 3D 游标,如图 8-17 所示。

　　按 Shift＋A 键添加骨骼。按 A 键取消选择,然后单击新添加的骨骼以将其选中。在"属性"面板中,切换到"骨骼"选项卡,然后将新添加的骨骼重命名为 Tail Pole Target。

　　切换回姿态模式,然后选择尾巴末端的黄色骨骼。在"属性"面板中,单击"添加骨骼约束"选项卡,将"极向目标"设置为 Amature,将"骨骼"设置为 Tail Pole Target,如图 8-18 所示。

　　按 1 键切换到正视图。此时尾巴指向侧面,而不是指向 Tail Pole Target 骨骼。为

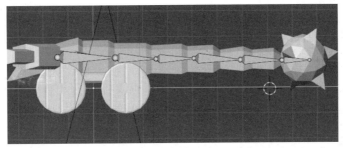

图 8-17　单击尾巴下方以放置 3D 游标

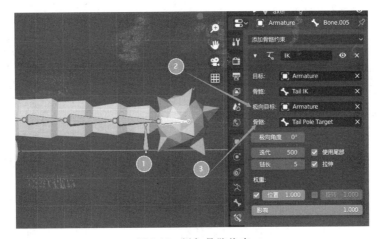

图 8-18　添加骨骼约束

纠正此问题,需要返回"骨骼约束"选项卡,找到"极向角度"选项,单击并左右拖动调整此数值,并查看更改如何实时影响模型。一般在这种情况下取−90°的值即可。

　　按 3 键返回侧视图,然后选择 Tail Pole Target 骨骼。按 1 键切换到正视图,左右移动该骨骼(按 G 键后移动鼠标),观察它如何影响尾巴,如图 8-19 所示。

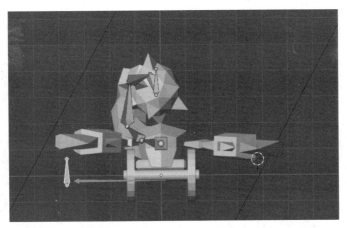

图 8-19　左右移动 Tail Pole Target 骨骼

8.6　添加前肢骨骼

选择现有的骨架，然后进入编辑模式。为前肢骨骼使用相同的骨架。从顶视图开始，将 3D 游标放在左前肢与身体相交的位置。按 Shift＋A 键创建第一个骨骼，如图 8-20 所示。

按 1 键切换到正视图，因为第一个骨骼是在直立位置创建的。单击骨骼的中间部分以选择整个骨骼。向上拖动骨骼，直到其底部与前肢的中心对齐，同时让骨骼的末端指向前肢的外侧，如图 8-21 所示。

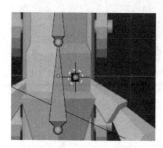

图 8-20　按 Shift+ A 键创建第一个骨骼

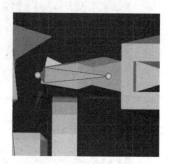

图 8-21　调整第一个骨骼的位置

按 A 键取消选择。选择骨骼的末端，然后按 G 键抓取它并将其移动到关节处。按 7 键切换到顶视图，将骨骼的末端向前移动，以使其在顶视图中也与前肢的中心对齐，如图 8-22 所示。

保持在顶视图，然后按 E 键将新的骨骼挤出到小钳与螯连接处的中点，再次按 E 键挤出小钳的骨骼。单击上一根骨头的末端，然后按 E 键以将骨骼挤出到大钳与螯连接处的中点，再次按 E 键挤出大钳的骨骼。螯的骨骼如图 8-23 所示。

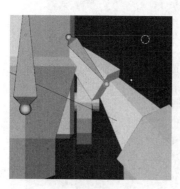

图 8-22　与前肢的中心对齐

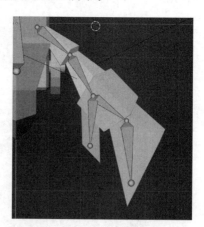

图 8-23　螯的骨骼

为每个骨骼命名，并在每个名称的末尾加上".L"以表示它属于左前肢，如图 8-24 所

示。在"骨架"选项卡中,选择"名称"复选框,以在 3D 视图中直接查看骨骼名称。

图 8-24　在每个名称的末尾加上".L"

8.7　添加前肢 IK 目标

创建 IK 目标的另一种方法是将骨骼从要指向的关节处直接拉伸。本节要让螯指向 IK 目标来控制前肢,而不是用螯本身来控制前肢。在编辑模式下,选择前肢和螯骨骼相交处的球体,按 E 键并向左挤出骨骼,如图 8-25 所示。

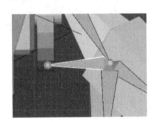

图 8-25　按 E 键并向左挤出骨骼

按 A 键取消选择,然后右击该骨骼,按 Alt＋P 键并在弹出菜单中选择"清空父级"命令,如图 8-26 所示。这使该骨骼脱离了层次结构,但仍然是同一骨架的一部分。

图 8-26　选择"清空父级"命令

在"属性"面板的"骨骼"选项卡中,将该骨骼重命名为 Arm IK Target.L。切换到姿

态模式,首先选择 Arm IK Target.L 骨骼,然后按住 Shift 键选择前肢的骨骼。按 Shift+
Ctrl+C 键并在弹出菜单中选择"反向运动学"命令,此时前肢变成黄色,如图 8-27 所示。

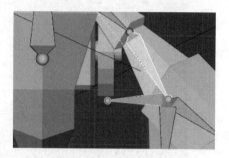

图 8-27　前肢变成黄色

选择前肢,它有两个骨骼。在"添加骨骼约束"选项卡中,将"链长"值设置为 2,如
图 8-28 所示。

图 8-28　将"链长"值设置为 2

8.8　为关节添加极向目标

切换到编辑模式。选择前肢关节处的球体,如图 8-29 所示。
按 1 键切换到正视图,然后按 E 键向上挤出骨骼,如图 8-30 所示。

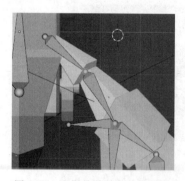

图 8-29　选择前肢关节处的球体

图 8-30　按 E 键向上挤出骨骼

按 A 键取消选择,然后选择刚挤出的骨骼,按 Alt＋P 键并在弹出菜单中选择"清空父级"命令。按 7 键切换到顶视图,按 G 键并拖动骨骼远离手臂,如图 8-31 所示。

不要忘记将骨骼命名为 Elbow.L。切换到姿态模式,然后选择前肢的骨骼。在"属性"面板的"添加骨骼约束"选项卡中,将"极向目标"设置为 Armature,如图 8-32 所示。绕模型旋转视图,以确保肘部指向极向目标。如果不是,请调整极向角度为－90°。

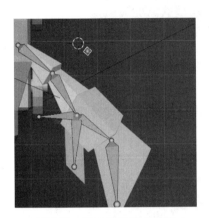

图 8-31　拖动骨骼远离手臂

图 8-32　添加骨骼约束

注意: 在 Blender 中,可以通过单击并左右拖动来调整数值选项。

8.9　镜像前肢骨骼

首先,请确保处于编辑模式,然后按 Shift＋S 键,在吸附工具的饼状菜单中选择"游标"→"世界原点"命令,将 3D 游标吸附到世界原点,如图 8-33 所示。

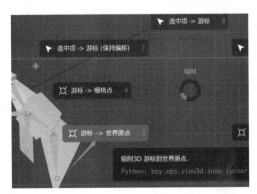

图 8-33　将 3D 游标吸附到世界原点

按"."(点)键对轴心点进行变换,如图 8-34 所示。

选择所有前肢骨骼,包括 IK 目标和极向目标,如图 8-35 所示。按 Shift＋D 键,然后

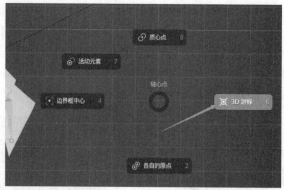

图 8-34　对轴心点进行变换

按 Enter 键进行复制。按 Ctrl＋M 键和 X 键，然后按 Enter 键在 X 轴上镜像前肢骨骼。

在 3D 视图顶部的菜单中，选择"骨架"下"名称"→"翻转名称"命令，将右前肢的骨骼名字的后缀".L"自动翻转为".R"，如图 8-36 所示。

图 8-35　选择所有前肢骨骼

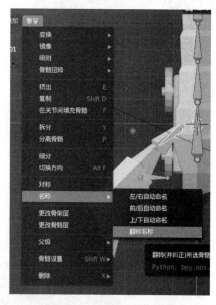

图 8-36　"翻转名称"命令

切换到物体模式。至此已经创建了所有骨骼，但是尚未为网格设置自动权重。选择网格，然后按住 Shift 键并单击骨架，如图 8-37 所示。

按 Ctrl＋P 键并在弹出的"设置父级目标"菜单中选择"骨架形变"下的"附带自动权重"命令，如图 8-38 所示。网格已经成为骨架的父级目标，因此现在要重新计算所有新骨骼的自动权重。

此时，会发现右前肢有一些异样，它是外翻的，如图 8-39 所示。

当骨骼翻转时，关节的极向角度是保持不变的。切换到姿态模式，然后在右前肢中选择以黄色突出显示的骨骼。在"属性"面板中，单击"骨骼约束"选项卡，然后将"极向角度"更改为 90°，如图 8-40 所示。

图 8-37 按住 Shift 键并单击骨架

图 8-38 "附带自动权重"命令

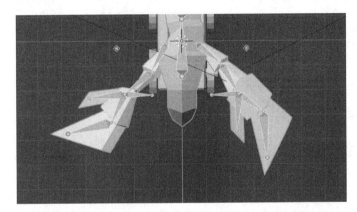

图 8-39 右臂是外翻的

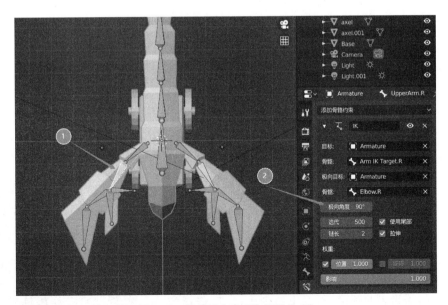

图 8-40 将"极向角度"更改为 90°

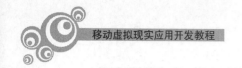

8.10 为尾巴创建动画动作

在 Blender 中创建动画与大多数其他动画应用程序一样使用关键帧和补间技术。关键帧是时间轴中的一个点,在该点指定了对象的位置。可以在不同的时间点设置多个关键帧,使对象处于不同的位置。播放动画时,对象将从第一个关键帧设置的位置平滑移动到第二个关键帧设置的位置。在关键帧之间自动生成的运动称为补间。

在屏幕顶部,切换到 Animation(动画)工作区,其布局如图 8-41 所示。

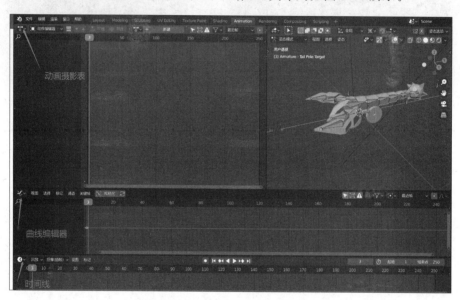

图 8-41　Animation 工作区的布局

动画摄影表显示场景中所有动画的概览。动画的每个属性将在左侧的列表中显示为一个通道,其关键帧显示在右侧的时间轴中。

曲线编辑器显示选定关键帧的运动速度曲线,可以微调每个补间的速度,减慢或加快关键帧前后的动画的速度。

时间线轴面板显示整个时间轴以及播放控件。

要在时间轴视图中移动播放头,应右击并拖动播放头。缩放和平移的方法与 3D 视图相同:使用滚轮进行缩放,单击鼠标中键并拖动以进行平移。在 2D 面板中不需要按住 Shift 键即可平移。

Blender 允许为单个骨架创建多个动画,这些动画可以在 Unity 中独立触发。每个动画称为一个动作。这里将使用动作为摇摆的尾巴创建循环动画,并为摆动的螯创建单独的非循环动画。

在动画摄影表的顶部,打开下拉列表,然后选择"动作编辑器"选项,如图 8-42 所示。

图 8-42　选择"动作编辑器"选项

单击"新建"按钮创建一个新的动作,如图 8-43 所示。

图 8-43 单击"新建"按钮

将动作名称更改为 Tail Sway,如图 8-44 所示。

图 8-44 将动作名称更改为 Tail Sway

单击动作名称右侧的 ▢ 按钮,为操作提供伪用户。它用于强制 Blender 保存该动作,即使该动作未关联任何对象也是如此,否则可能无法保存该动作。

1. 创建关键帧

首先,将为尾巴创建一个循环动画,以使它来回摆动。在 3D 视图中,按 1 键切换到正视图,然后按 5 键关闭透视图。按 N 键打开"属性"面板。

本书提供的每个关键帧的坐标仅供参考,实际使用的值可能略有不同,因为它们是相对于首次创建 Tail IK 骨骼的位置而言的。

确保处于姿态模式,然后选择 Tail IK 骨骼。在"属性"面板中,将"位置"选项的 X、Y、Z 分别设置为 0、3.6、10.3)。确保播放位置在第 0 帧上,然后右击 X 选项,在弹出菜单中选择"插入单项关键帧"命令,如图 8-45 所示。

对 Y 选项执行相同的操作,如图 8-46 所示。

图 8-45 选择"插入单项关键帧"命令

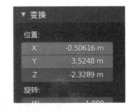

图 8-46 对 Y 选项执行插入关键帧操作

查看动画摄影表,对应于输入的每个值,都会出现一个新通道,并带有值的名称("X位置")后跟用括号括起的对象名称(Tail IK)。关键帧在动画摄影表的时间轴上显示小圆点,如图 8-47 所示。

图 8-47 关键帧在时间轴上显示为圆点

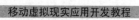
至此已经创建了第一个关键帧。由于这只是开始位置，因此没有任何动作。在时间轴上右击并拖动播放头，将播放位置移至第15帧，如图8-48所示。

可以使用鼠标滚轮放大此视图，单击鼠标中键并拖动以平移/滚动。确保仍选定Tail IK骨骼，然后将X、Y的位置值更改为−1.3、3.3（这里根本不会设置Z值的动画，因此不要更改Z值）。然后，分别右击X、Y选项，在弹出菜单中选择"插入单项关键帧"命令，此时动画摄影表如图8-49所示。

图8-48　将播放位置移至第15帧

图8-49　动画摄影表

在Blender窗口底部的时间轴面板中，将"结束点"设置为80，这使动画的持续时间为80帧。单击播放按钮预览动画。

提示：随时按Alt＋A键可以播放/暂停动画。可以在播放动画时环绕3D视图旋转，以从各个角度观察动画效果。

以下是其余关键帧的帧号和坐标：

- 第25帧：X＝−1.3，Y＝3.9。
- 第40帧：X＝0，Y＝3.6。
- 第55帧：X＝1.3，Y＝3.3。
- 第65帧：X＝1.3，Y＝3.9。
- 第80帧：X＝0 ，Y＝3.6。

每次进行更改后，一定要在移动播放头之前右击当前帧并在弹出菜单中选择"插入单项关键帧"命令，否则更改将不会被保存为关键帧。

最终的动画摄影表如图8-50所示。

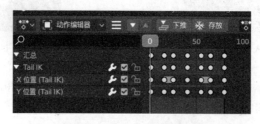

图8-50　最终的动画摄影表

2. 使用曲线编辑器创建平滑运动

按Alt＋A键预览动画。尾巴的确在运动，但感觉有点呆板，并不流畅。要解决此问题，应在曲线编辑器中对运动曲线进行调整。此时的线编辑器面板如图8-51所示。

如果视图很小，可以放大以查看更多详细信息。还要注意，可以拖动面板边缘以调整面板的大小。曲线编辑器为每个动画通道绘制一条运动曲线。横轴表示时间，纵轴表

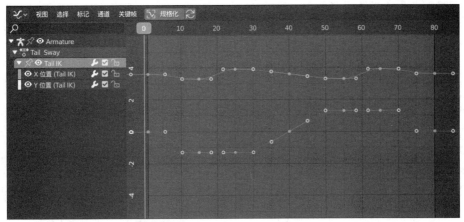

图 8-51 曲线编辑器面板

示通道的值,曲线上的点表示设置的关键帧。

单击"X 位置"对应的曲线上的第一个点。选定后,点的两侧都有控制曲线强度和方向的控制柄。拖动右侧的控制柄,使其大约为 45°,修正后的曲线如图 8-52 所示。当动画从第 80 帧回到第 1 帧时,这将创建更平滑的循环运动。

图 8-52 修正后的曲线

平滑曲线上的所有点,使曲线看起来如图 8-53 所示。

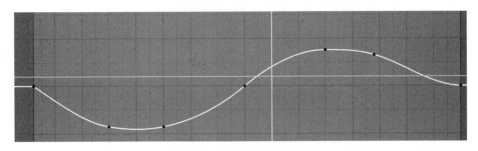

图 8-53 平滑曲线上的所有点

编辑曲线上的点时,首先单击并稍稍拖动以使控制柄移动,然后释放鼠标按键,控制柄仍然处于被激活状态,移动鼠标将重新定位它。再次单击以完成调整。按 Alt＋A 键预览动画,此时看起来动画效果好多了。

在曲线编辑器中可以注意到曲线的谷底和峰顶看起来不太尽如人意,其原因是两侧的两个关键帧距离太近。可以使用缩放和框选工具解决此问题,也可以按住 Shift 键选择要调整的两个关键帧。

按 A 键取消选择，然后按 B 键调用框选工具，如图 8-54 所示。

单击并拖动鼠标以框选多个对象，如图 8-55 所示。

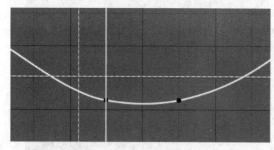

图 8-54　按 B 键调用框选工具

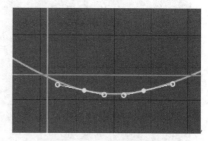

图 8-55　框选多个对象

注意：框选可以在 Blender 的绝大多数面板中使用。

现在已经选择了关键帧，只需按 S 键，然后拖动鼠标即可缩放它们，将关键帧彼此拉开距离，直到获得漂亮的平滑曲线。对第 55 帧和第 65 帧的关键帧重复此操作，在缩放它们之后，可能需要稍微调整关键帧的控制柄。

注意：选择一个点，然后按 G 键和 Y 键，以在曲线编辑器中垂直移动它。

如果播放头与关键帧在同一帧上，将在 3D 视图中看到所做的更改。这是直观地编辑运动曲线中的关键帧的快速方法。最后不要忘记保存编辑结果。

8.11　动画极向目标

尾巴动画看起来不错。接下来为极向目标设置动画，以使尾巴的运动稍稍领先于球，使其看起来像在往前拉。确保仍处于姿态模式。选择 Tail Pole Target 骨骼。该对象只应该左右滑动，因此只需设置"X 位置"值的动画即可。

以下是要设置的关键帧：

- 第 0 帧：X＝0。
- 第 20 帧：X＝－1.5。
- 第 40 帧：X＝0。
- 第 60 帧：X＝1.5。
- 第 80 帧：X＝0。

在曲线编辑器中对点进行调整，使运动曲线变得平滑。现在预览动画，它看起来几乎和以前一样，这是因为极向目标与尾巴是同步移动的。为了使尾巴稍稍领先一点，需要调整关键帧。

在动画摄影表的时间轴中，按 B 键并框选"X 位置（Tail Pole Target）"通道中的所有关键帧，使其稍稍左移。此时按 Alt＋A 键预览动画，在播放时旋转 3D 视图，以更好地观察极向目标对尾巴的影响。

8.12 为螯创建动画动作

尾巴动画已经完成了。现在需要创建一个新的动作来存储下一个动画。在动画摄影表的顶端，单击 Tail Sway 动作名称右侧的 按钮以创建新的动作，如图 8-56 所示。

图 8-56　创建新的动作

Blender 实际上复制了当前动作。重命名新的动作为 Claw Attack.L，如图 8-57 所示。最后不要忘记单击 按钮。

图 8-57　重命名新的动作为 Claw Attack.L

现在，需要删除关键帧。将光标移到动画摄影表上，按 A 键选择全部关键帧，然后按 X 键，在弹出菜单中选择"删除关键帧"命令将其删除，如图 8-58 所示。

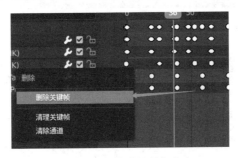

图 8-58　"删除关键帧"命令

1. 为螯设置动画

首先为左前肢设置 IK 目标动画。确保仍处于姿态模式，选择 Arm IK Target.L 骨骼，如图 8-59 所示。

右击"属性"面板中"位置"下的任意一个轴，在弹出菜单中选择"插入关键帧"命令，一次为 3 个轴创建关键帧，如图 8-60 所示。这 3 个轴选项都变成黄色。现在已设置了此骨骼的起始关键帧。

如果知道对象将在 3 个方向上移动，则对 3 个轴都要进行关键帧设置。仅为要设置动画的轴创建关键帧，可以使动画摄影表保持简洁。随着动画变得越来越复杂，这一点也越来越重要。

为 Arm IK Target.L 骨骼在第 20 帧创建关键帧，如图 8-61 所示。

为 Arm IK Target.L 骨骼在第 40 帧创建关键帧，如图 8-62 所示。

为 Arm IK Target.L 骨骼在第 60 帧创建关键帧，如图 8-63 所示。

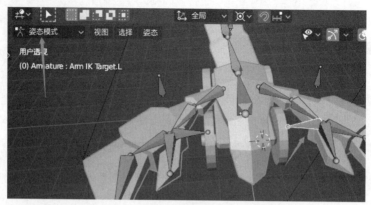

图 8-59　选择 Arm IK Target.L 骨骼

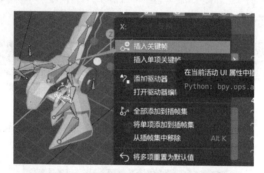

图 8-60　一次为 3 个轴创建关键帧

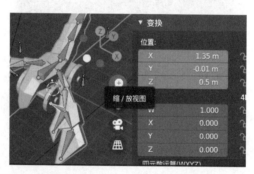

图 8-61　在第 20 帧创建关键帧

图 8-62　在第 40 帧创建关键帧　　　图 8-63　在第 60 帧创建关键帧

现在,已创建了螯攻击时的基本动作。按 Alt＋A 键预览动画。补间动画太平滑了,螯的攻击看起来更像是友好的挥舞,所以需要使用曲线编辑器调整补间动画。此时的曲线编辑器中的运动曲线如图 8-64 所示。

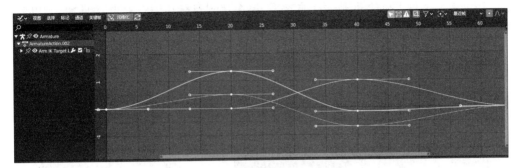

图 8-64　曲线编辑器中的运动曲线

若想让螯迅速向前击中攻击目标,然后弹起,需要调整运动曲线的形状。攻击动画的运动曲线尖顶位于第 40 帧,表示方向的突然变化,应该将该关键帧处的曲线更改为尖角。但是,仅拖动控制柄并不会产生尖角,只会调整曲线的曲率,如图 8-65 所示。

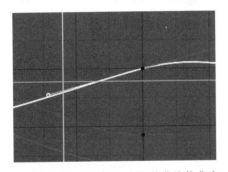

图 8-65　拖动控制柄只会调整曲线的曲率

要创建尖角,需要更改关键帧控制柄类型。选择关键帧本身的点(而不是两侧的控制柄),按 V 键打开“设置关键帧控制柄类型”菜单,然后选择“矢量”命令,如图 8-66所示。

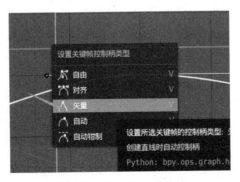

图 8-66　选择“矢量”命令

将第 40 帧的 3 个关键帧控制柄转换为矢量，并调整控制柄，使 3 个关键帧处的运动曲线出现尖角，如图 8-67 所示。

按 Alt＋A 键预览动画。可以看到前肢的关节向后收缩，稍作停顿，然后迅速向前攻击。还可以调整攻击后的动画。目前看来，螯在达到目标后不会弹起或反冲，所以将播放头移至第 50 帧并设置关键帧，如图 8-68 所示。

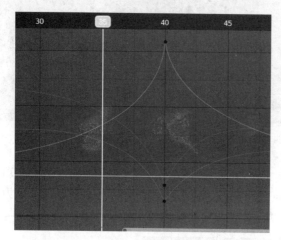

图 8-67　使 3 个关键帧处的运动曲线出现尖角

图 8-68　对第 50 帧设置关键帧

按 Alt＋A 键预览动画，可以看到动画效果更加自然。

注意：创建动画的好方法是首先为动画的基本动作设置关键帧，然后在必要时添加关键帧，以添加运动细节。

2. 调整极向目标以抬高关节

螯的攻击动画基本上完成了。使用极向目标可以使关节抬起，带动前肢抬起并从上方向下攻击目标。选择极向目标骨骼 Elbow.L。将播放位置移至第 0 帧，极向目标只会上下移动。右击"位置"下的 Y 选项，在弹出菜单中选择"插入单项关键帧"命令，在第 0 帧插入关键帧，如图 8-69 所示。

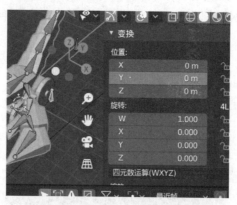

图 8-69　在第 0 帧插入关键帧

将播放头移动到第 20 帧。将"位置"下的 Y 选项值更改为 1.5，右击 Y 选项，在弹出

菜单中选择"插入单项关键帧"命令,在第 20 帧插入关键帧,如图 8-70 所示。

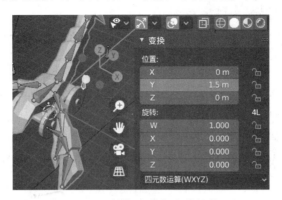

图 8-70 在第 20 帧插入关键帧

将播放头移至第 65 帧,并创建一个关键帧,将 Y 选项值恢复为 0。在播放动画时可以围绕模型旋转视图。现在,当关节向后拉时可以抬起来了。

3. 使用正向运动学张开螯钳

对于螯钳,无须移动它们瞄准的对象,只需旋转它们即可。这种运动方式称为正向运动学(Forward Kinematics,FK)。

将播放头移至第 0 帧,然后选择 Thumb.L 骨骼。在"属性"面板中设定"旋转"下的 X 选项为 0,然后右击 X 选项并插入关键帧,如图 8-71 所示。

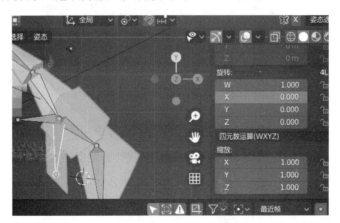

图 8-71 在第 0 帧插入关键帧

将播放头移至第 20 帧,并将"旋转"下的 X 选项值更改为 0.4,然后右击 X 选项值并插入关键帧,如图 8-72 所示。

将播放头移至第 40 帧,将"旋转"下的 X 选项值设置为 0 并插入关键帧(也可以在动画摄影表中的第 0 帧处复制关键帧并将其移至第 40 帧),如图 8-73 所示。

对另一只螯骨重复上面的过程。在第 20 帧处,将"旋转"下的 X 选项值设置为 −0.4,如图 8-74 所示。

预览动画,可以发现螯的动画接近完成。关键帧都已设置。唯一可以改善的是速度,动画现在感觉有点慢。

图 8-72　在第 20 帧插入关键帧

图 8-73　在第 40 帧插入关键帧

图 8-74　右螯第 20 帧的关键帧设置

4. 在动画摄影表中缩放关键帧

使用缩放工具选择一些关键帧并在时间轴上进行压缩或拉伸,工作虽然非常简单,但需要注意的是,缩放的时间点是播放头的位置。将播放头移至第 0 帧,然后按 A 键选择全部关键帧,按 S 键缩放这些关键帧,如图 8-75 所示。

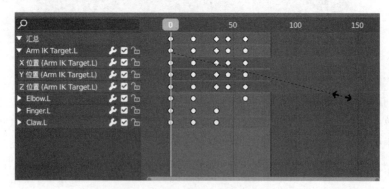

图 8-75　按 A 键选择全部关键帧

将光标向播放头左侧拖动以压缩选定关键帧的时间,直到最后一个关键帧位于第 40

帧,完成后单击确认缩放,缩放结果如图8-76所示。

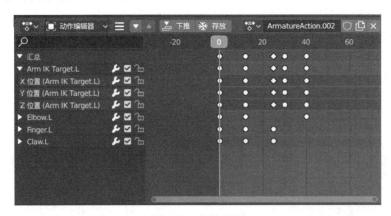

图 8-76 缩放结果

这是加快或减慢多个关键帧时间的快捷方法。只需记住在缩放之前将播放头移动到应保持不变的关键帧即可。

8.13 将动画复制到右前肢

本节将 8.12 节创建的动画复制到右前肢。

在动画摄影表中,确保已选择 Claw Attack.L 动作,然后按该动作名称右侧的 button 按钮进行复制,并重命名为 Claw Attack.R。最后不要忘记单击 button 按钮保存动作。

在 3D 视图中,选择 Arm IK Target.L 骨骼。在曲线编辑器中,如果未选择点,则按 A 键选择全部关键帧。将鼠标移到图形编辑器上,按 Ctrl+C 键复制动画曲线。

在 3D 视图中,选择 Arm IK Target.R 骨骼。确保播放头在第 0 帧处,然后在"属性"面板中,右击"位置"下的 X、Y、Z 选项之一,然后在弹出菜单中选择"插入关键帧"命令。"X 位置""Y 位置"和"Z 位置"3 个通道将出现在 Arm IK Target.R 对象的曲线编辑器中。在曲线编辑器中,按 Ctrl+V 键粘贴动画曲线,如图8-77所示。

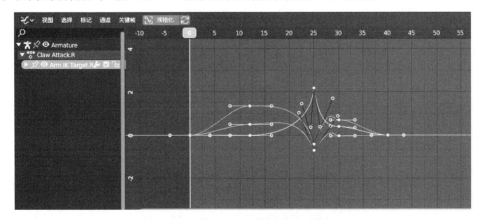

图 8-77 按 Ctrl+ V 键粘贴动画曲线

每个对象都需要重复此过程。记下要设置动画的通道,并在该通道中创建一个空的关键帧,以便可以在某处粘贴动画。

粘贴螯的小钳的旋转值后,会看到它的旋转方向与正确的旋转方向相反。解决此问题的方法如下。

将播放头移到适当的关键帧处(如果按与本书相同的比例缩放此动画,则应该是第12帧)。在3D视图中选择 Thumb.R 骨骼。在"属性"面板中,将"旋转"下的X选项值从0.4更改为−0.4,如图8-78所示。

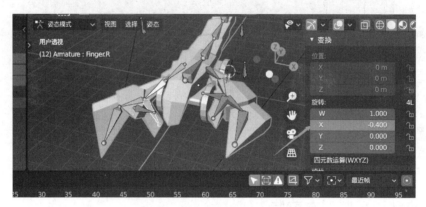

图 8-78　将 X 选项值更改为− 0.4

右击X选项,然后在弹出菜单中选择"替换单项关键帧"命令,如图8-79所示。

图 8-79　选择"替换单项关键帧"命令

每次更改关键帧的"位置"或者"旋转"下的选项值时,都需要使用"替换单项关键帧"命令更新关键帧本身。如果不这样做,则在移动播放头时,对关键帧所做的更改将被删除。

注意:不要忘记保存 Blender 文件为 03-Scorpion-Animated.blend。

8.14　动画资源的导出

当完成动画以后,就可以在大纲视图中选择 Amature,准备将动画资源导出,如图8-80所示。

选择"文件"菜单中的"导出"→FBX(.fbx)命令,如图8-81所示。

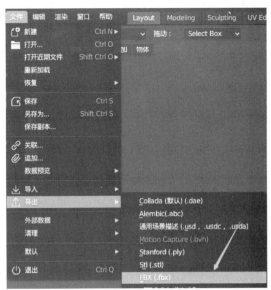

图 8-80　选择 Amature　　　　　图 8-81　"导出"→FBX（.fbx）命令

　　在弹出的"Blender 文件视图"对话框中选择"选定的物体"复选框,输入相应的名称,然后单击"导出 FBX"按钮,如图 8-82 所示。

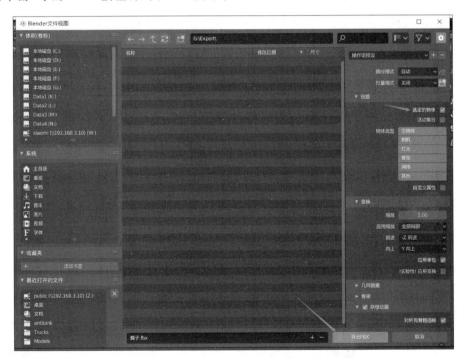

图 8-82　"Blender 文件视图"对话框

第 9 章　模型纹理绘制

虽然 Blender 本身具备了纹理绘制功能,但是该功能比较弱。本章介绍 Substance Painter 的纹理绘制。

9.1　导出模型

Substance Painter 是使用绘画创建纹理的工具。它不仅可以创建简单的彩色纹理,而且可以创建用于凹凸表面、需要控制对象表面粗糙度的情况以及各种用途的纹理。

Substance Painter 没有建模功能。因此,需要使用 Blender 等建模软件对三维对象进行建模。Blender 和 Substance Painter 协作的总体工作流程如下:

(1) 导出在 Blender 中创建的多边形模型对象数据。

(2) 将对象数据导入 Substance Painter。

(3) 在 Substance Painter 中创建纹理。

(4) 从 Substance Painter 导出纹理为其他三维软件所用。

要在 Substance Painter 中为三维对象绘制纹理,需要使用 FBX 和 OBJ 两种文件格式。可以从 Blender 中导出对象数据。

首先,在 Blender 中选择一个对象;如果要导出多个对象,则需要选择所有要导出的对象。

其次,选择"文件"菜单中的"导出"→FBX(.fbx)命令,如图 9-1 所示。

再次,在"Blender 文件视图"对话框中输入导出文件的目录和文件名。同时,需要在对话框右侧选择"选定的物体"和"应用单位"复选框,如图 9-2 所示。

最后,单击"导出 FBX"按钮。如果在对象上设置了一些修改器,按照 FBX 导出器的默认设置,所有修改器都将应用于导出。

将对象数据导入 Substance Painter 的过程如下。

打开 Substance Painter。选择"文件"菜单,然后选择"新建"命令(快捷键为 Ctrl+N 键),在 New project(新建项目)对话框中,从"模板"下拉列表框中选择用于导入对象的着色器,如图 9-3 所示。在这里,选择" Unity HD Render Pipeline (Metallic Standard)(allegorithmic)"。可以在"查看器设置"面板中更改此设置。

单击"选择"按钮指定导入的 FBX 文件。在 Normal Map Format(法线贴图格式)下拉列表框中选择 OpenGL,因为 Unity 和 Blender 均使用 OpenGL 绘制法线贴图。

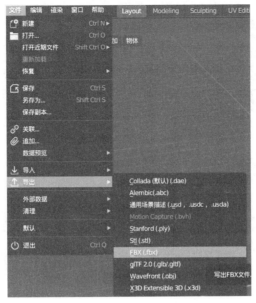

图 9-1　选择"导出"→FBX（.fbx）命令

图 9-2　导出设置

OpenGL 法线贴图与 DirectX 法线贴图的方向是相反的。如果对象具有自身的纹理或烘焙纹理（例如法线贴图或 AO 贴图），应单击"添加"按钮并设置这些纹理以导入它们；如果没有这样的纹理，可以在 Substance Painter 中创建它们。当然，可以随时导入纹理。单击 OK 按钮执行导入操作。

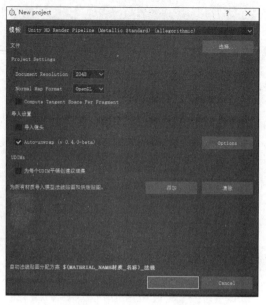

图 9-3 New project 对话框

9.2 导出材质设置

这里需要回到 Blender,解释导出之前要注意的事项。如果要导出的对象具有多种材质,则 Substance Painter 将创建多个纹理集(texture set)。纹理集是多个纹理的集合,例如具有颜色信息的基础颜色贴图、在对象上具有粗糙度的粗糙度贴图、具有凹凸高度信息的法线贴图/高度贴图以及具有金属表面信息的金属贴图。Substance Painter 可以单独处理这些纹理(贴图),以之作为通道进行绘画操作。如果对象在 Blender 中具有 3 种材质,则 Substance Painter 在导入对象后将创建 3 个纹理集,如图 9-4 所示。

图 9-4 创建 3 个纹理集

Substance Painter 可以为纹理集分别创建多个纹理（Base Color 贴图、Height 贴图、Metallic 贴图、Normal 贴图、Roughness 贴图等）。在第三方三维软件（例如 Unity）中使用这些纹理时，需要建立若干个材质节点，这些材质节点的数目等于 Substance Painter 创建的纹理总数。这很不方便。因此，应尽量减少放置在物体上的材质数目。

Substance Painter 的操作（绘制）是基于纹理集完成的。即使从 Blender 导出的 FBX 文件中有多个对象，该操作也是基于相同的基础完成的。换句话说，当多个对象具有相同的材质时，Substance Painter 中的操作将以相同的方式完成，这些对象的共享材质将同时作为操作目标。因此，当展开 UV 贴图时，请务必小心。

当仅导出一个对象并使用 Substance Painter 绘制纹理时，在展开 UV 贴图时无须特别注意。最新版本的 Substance Painter 会自动进行 UV 贴图展开工作。当导出多个对象并使用 Substance Painter 绘制纹理时，由于该操作是基于纹理集完成的，因此该操作将同时引用每个对象上的所有 UV 贴图。因此，如果 UV 贴图位于相同位置，则将在对象的相同位置进行操作（绘画），这意味着绘制是重叠的。因此，应注意不要在共享相同材质的多个对象之间重叠 UV 贴图。

9.3 Substance Painter 基础

Substance Painter 的默认窗口布局如图 9-5 所示。

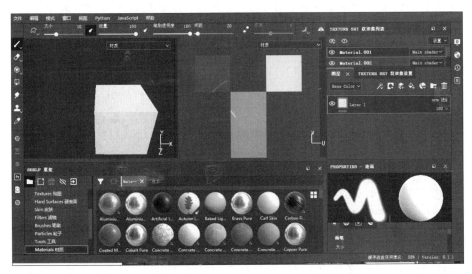

图 9-5 Substance Painter 的默认窗口布局

可以在左侧看到 3D 视图，在右侧看到 2D 视图。2D 视图显示 UV 贴图。可以同时显示 3D 视图和 2D 视图，也可以仅显示 3D 视图或仅显示 2D 视图。视图按钮和快捷键如图 9-6 所示。

可以在展架区域中选择各种材料或纹理（资源）。单击漏斗

图 9-6 视图按钮和快捷键

形按钮,即启动筛选浏览器,它可以以特定类别显示资源、过滤资源或搜索资源,如图9-7所示。

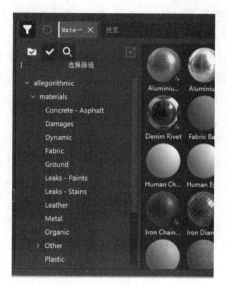

图9-7 筛选浏览器

图层面板显示纹理集中包含的层,如图9-8所示。这里的图层概念与普通图层(例如Photoshop等绘图软件的图层)基本相同。可以通过单击"图层"面板顶部的按钮或在"图层"面板上右击后从弹出菜单中选择来添加新层或文件夹。一个图层中有多个通道(可用通道在"纹理集设置"面板中定义)。

可以在"图层"面板左上角的下拉列表选择一个通道来设置混合模式及其每层的不透明度,如图9-9所示。

图9-8 图层面板

图9-9 "图层"面板左上角的下拉列表

"纹理集设置"面板用于设置与纹理集有关的内容,如图9-10所示。该面板主要用来烘焙选定纹理集的纹理(附加贴图)、更改纹理的分辨率以及添加/删除通道。

在"显示设置"面板中,可以进行背景设置、镜头设置、后期处理设置以及颜色配置文件设置等,如图9-11所示。

这些设置用于控制视图的显示效果,同时内置的Iray也将它们用于渲染。默认情况下,后期处理的设置无效。选择"激活后期特效"复选框,可以启用该功能,如图9-12所示。

图 9-10　"纹理集设置"面板

图 9-11　"显示设置"面板

图 9-12　选择"激活后期特效"复选框

还可以通过选择"激活颜色配置文件"复选框更改显示视图中的颜色配置，如图 9-13 所示。

例如，默认颜色配置文件和 sRGB_orange_blue 颜色配置文件的对比，如图 9-14 所示。

图 9-13　选择"激活颜色配置文件"复选框

图 9-14　默认颜色配置文件和 sRGB_orange_blue 颜色配置文件的对比

如果需要更改背景贴图,请单击"背景贴图"标题旁边的按钮,显示背景贴图的缩略图,可以选择其中之一,如图 9-15 所示。

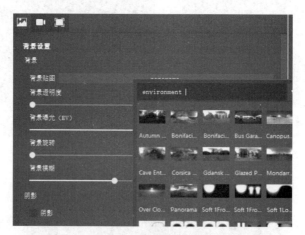

图 9-15　背景贴图的缩略图

也可以在展架的"Environments 背景"类别中选择背景贴图,将其拖放到视图区域,以更改背景贴图,如图 9-16 所示。

图 9-16　"Environments 背景"类别中的背景贴图

默认设置下，在视图中看不到背景贴图。要在视图中显示背景贴图，应在"显示设置"面板中增加"背景透明度"选项的值，如图 9-17 所示。默认情况下，背景贴图是模糊的。如果想使其更清晰，应在"显示设置"面板中减少"背景模糊"选项的值。启用"阴影"复选框将在对象上添加阴影。当想用阴影增强绘画效果时，可以使用此功能。改变"阴影透明度"选项的值可调整阴影的透明度。

图 9-17　背景设置

纹理集列表显示所有纹理集，如图 9-18 所示。纹理集的数量等于导入的材料的数量。纹理集名称左侧的眼睛图标用于在视图中显示/隐藏纹理集。纹理集的着色器显示在纹理集名称的右侧。

图 9-18　纹理集列表

当有多个纹理集时，单击（聚焦模式）按钮，在视图中只显示选定的纹理集，如图 9-19 所示。

而"显示所有"按钮则会显示所有的纹理集，如图 9-20 所示。当创建复杂纹理时，应使用"聚焦模式"按钮以获得良好的响应。

图 9-19　"聚焦模式"按钮　　　　图 9-20　"显示所有"按钮

可以通过双击名称区域更改纹理集的名称，如图 9-21 所示。选择了纹理集后，右击，在弹出菜单中选择"编辑描述"命令，可以为纹理集添加相应的描述（描述会显示在纹理集名称下）。

图 9-21　更改纹理集的名称

单击"显示设置"面板右上角的设置按钮,然后选择"重新分配纹理集"命令,可以将纹理集重新分配给其他对象的材质,如图 9-22 所示。

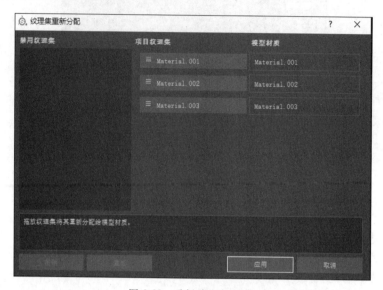

图 9-22　重新分配纹理集

"属性"面板显示了画笔、材料和遮罩的所有属性。显示的属性取决于选择的内容。

9.4　基本操作

Substance Painter 的常用工具如图 9-23 所示。

图 9-23　Substance Painter 的常用工具

这里先介绍以下 4 个工具:

▱为笔刷,有两种类型,分别是普通笔刷和物理笔刷。

▱为橡皮擦,有两种类型,分别是普通橡皮擦和物理橡皮擦。

▱为多边形填充工具,与对象的多边形一起绘画时使用。

▱为 Substance Painter 共享网站,可以获取材质、画笔、遮罩、教程等。

要更改 3D 视图上的视点,执行以下操作:

- 镜头旋转:Alt+鼠标左键并且拖动。
- 镜头平移:Alt+鼠标中键并且拖动。

- 镜头缩放：Alt＋鼠标右键或鼠标滚轮。

如果忘记了某些操作，按 Alt 键将显示使用 Alt 键的快捷键列表，如图 9-24 所示。其中，"左""中""右"分别表示鼠标左键、中键和右键。

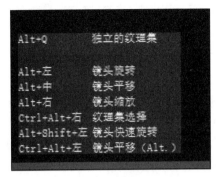

图 9-24 使用 Alt 键的快捷键列表

按 Ctrl 键将显示使用 Ctrl 键的快捷键列表，如图 9-25 所示。这些快捷键将使绘画操作更容易。它们都会更改与画笔相关的属性。可以更改的画笔属性取决于拖动鼠标的方向是垂直的还是水平的。

按 Shift 键将显示使用 Shift 键的快捷键列表，如图 9-26 所示。

图 9-25 使用 Ctrl 键的快捷键列表　　图 9-26 使用 Shift 键的快捷键列表

Substance Painter 的常用快捷键如表 9-1 所示。

表 9-1 Substance Painter 的常用快捷键

快 捷 键	功 能
C	在视图中循环显示每个通道，包括基础颜色、金属光泽、粗糙度、法向、高度等。用它可检查目标通道是否正确绘制
Shift＋C	按顺序循环显示显示上一个通道
M	显示材质
B	显示其他贴图，包括环境光遮挡图、曲率图、位置图、厚度图、法线贴图、世界空间法线贴图和 ID 贴图
Shift＋B	循环显示上一个其他贴图
F	显示整个网格

续表

快　捷　键	功　　能
T	激活快速遮罩,在绘画操作中使用
Y	清除快速遮罩
X	反转笔刷的灰度

　　将对象网格导入 Substance Painter 之后,必须在"纹理集"设置面板中设置要在绘画中使用的通道和其他贴图。如果在导入对象数据时未导入其他贴图,则需要在 Substance Painter 中烘焙它们。Substance Painter 的智能材质、滤镜和粒子刷都需要参考其他贴图。因此,如果没有其中的某些内容,则无法正确显示。所以在开始绘制之前,不要忘记在"纹理集设置"面板中设置其他贴图。

9.5　通道设定

图 9-27　设置要使用的通道

　　在 Substance Painter 中绘画将在设置的通道中完成。因此,需要在"纹理集设置"面板中设置要使用的通道,如图 9-27 所示。默认有以下通道:

- 基本颜色(Base Color)通道。
- 高度(Height)通道。
- 粗糙度(Roughness)通道。
- 金属(Metallic)通道。
- 法线贴图(Normal)通道。

　　如果要添加在"纹理集设置"面板中未设置的其他通道,请单击"通道"右侧的"＋"按钮,并选择要添加的通道。如果要创建自己的通道,可以使用 User 通道。

　　如果将建模软件(例如 Blender)制作的纹理导入对象,则应将纹理设置为其他贴图。

　　如果设置了导入的纹理名称(例如,对象的材质名称为 Bottle1,导入的纹理名称为 Bottle1_normal_base),则在导入过程中将自动进行设置。在"纹理集设置"面板中有一部分用于设置导入贴图。例如,如果要设置导入的法线贴图,单击"选择 normal 贴图"按钮。也可以在展架的"纹理"类别中拾取相应的法线贴图,并将其拖放在显示"选择 normal 贴图"的区域中。如果尚未导入纹理,则可以自动创建其他地图。

　　Substance Painter 可以基于导入的对象数据创建其他贴图。如果尚未将纹理导入

对象,则应该执行此操作。首先,在"纹理集设置"面板中单击"烘焙模型贴图"按钮,打开
"烘焙"对话框,如图 9-28 所示。

图 9-28 "烘焙"对话框

在对话框左侧的列表中选择要创建的其他纹理,并在对话框右侧设置烘焙参数。完
成所有设置后,单击窗口底部的"烘焙所有纹理集"按钮。如果导入一部分纹理,则不需
要这么做。如果要使用展架上的智能材质,则建议通过导入或烘焙在"纹理集设置"面板
中设置所有其他贴图。

"烘焙"对话框的右侧有许多参数。如果不太了解这些参数,建议使用它们的默认
值。除通用参数外的其他烘焙参数随纹理集而有所不同。可以通过"纹理集"下拉列表
框选择纹理集,如图 9-29 所示。如果更改了参数并想将其更改为其他纹理集,单击"全部
应用"按钮。设置完参数后,单击"烘焙所有纹理集"按钮。

图 9-29 选择纹理集

烘焙的通用参数如表 9-2 所示。

表 9-2　烘焙的通用参数

参　　数	设 定 内 容
Output Size(输出大小)	烘焙纹理的分辨率
High Definition Meshes(高分辨率网格)	如果有高分辨率多边形模型,则烘焙将基于此模型创建一个法线贴图
Antialiasing(抗锯齿)	较大的值可使精度更高,但需要更强的 PC 处理能力

9.6　纹理绘制

在 Substance Painter 中绘制纹理,需要了解图层结构和通道。有了这些知识,就可以创建各种材质并根据需要调整绘画效果。

1. 绘制基础

Substance Painter 中的绘制操作在每个纹理集中完成。纹理集的内容显示在"图层"面板中。导入对象时,只有一个空层,可以在这一层进行绘制,如图 9-30 所示。

要添加新图层,可单击"图层"面板顶部的 按钮。"图层"面板中的图层顺序是自上而下的,顶层的首先被渲染和显示,可以通过拖动操作更改图层的顺序。要删除图层,首先选择要删除的图层,然后单击 按钮或按 Del 键,也可以右击要删除的图层并在弹出菜单中选择"删除图层"命令。单击 按钮可添加填充图层。填充图层可以用一种颜色填充,并且不能在填充层进行绘制。还可以使用填充图层更改绘制的颜色。虽然无法绘制填充图层,但是可以在填充图层中添加黑色遮罩,并在黑色遮罩上绘制,如图 9-31 所示。

图 9-30　空层

图 9-31　在填充图层中添加黑色遮罩

在遮罩的绘制区域中绘制与在普通图层中绘制的结果相同。图层名称的左侧有一个眼睛图标,用来显示或隐藏该图层。可以通过双击图层名称来更改图层名称。在图层名称的右侧,有混合模式和不透明度两个属性。混合模式与绘画软件中的图层的混合模式概念等同。

2. 主要混合模式

以下是 Substance Painter 图层和效果中主要的混合模式。大多数混合模式都是基于 RGB(或灰度)空间的,也有些操作是基于 HSV 空间的。

1) 法向模式

法向模式(Normal)在没有转换的情况下在底层上显示顶层(复制模式),如图 9-32

所示。如果顶层设置了透明度（alpha），将通过透明像素显示底层。

图 9-32　法向模式

2）穿过模式

穿过（Passthrough）模式将底层直接传送到顶层，如图 9-33 所示。该模式在以下情况下最有用：

- 对顶层下面的所有图层施加效果。
- 抹掉或克隆顶层下面的图层。

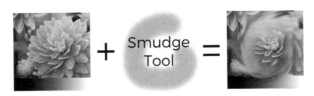

图 9-33　穿过模式

采用该模式时，效果可以直接拖放到"图层"面板中，这样做会创建一个图层，其所有通道的混合模式均被设置为穿过。

3）禁用模式

禁用（Disable）模式丢弃图层的混合，只显示原来的图层，如图 9-34 所示。它可以通过在顶层中忽略图层的混合来优化通道的计算。

图 9-34　禁用模式

4）替换模式

替换（Replace）模式覆盖底部图层，如图 9-35 所示。这样能避免与下面的图层混合信息。替换的工作原理与普通混合不同，因为它会忽略顶层中的透明度，这可能产生透明像素。

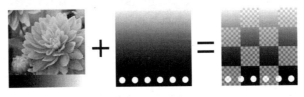

图 9-35　替换模式

5) 正片叠底模式

正片叠底(Multiply)模式将上层乘以下层,以获得较深的颜色,如图 9-36 所示。

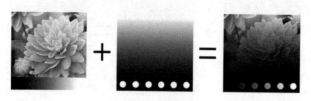

图 9-36　正片叠底模式

6) 划分模式

划分(Divide)模式将下面的图层按当前图层的颜色信息划分,如图 9-37 所示。图像结果往往比较浅,有时会产生过曝光效果。

图 9-37　划分模式

7) 反划分模式

反划分(Inverse Divide)模式与划分模式原理相同,但在混合操作中,上层和下层被交换,如图 9-38 所示。

图 9-38　反划分模式

8) 变暗(最小值)模式

变暗(最小值)(Darken (Min))模式在混合时保持上层和下层的最小颜色值,如图 9-39 所示。

图 9-39　变暗（最小值）模式

9) 变亮(最大值)模式

变亮(最大值)(Lighten (Max))模式在混合时保持上层和下层的最大颜色值,如

图 9-40 所示。

图 9-40　变亮（最大值）模式

10）线性减淡（添加）模式

线性减淡（添加）（Linear Dodge（Add））模式在混合时将上层的颜色值添加到下层，结果可以得到低于 0 或高于 1 的颜色，如图 9-41 所示。在这种情况下，如果通道不是 HDR，结果将被剪切。这种混合模式对积累高度信息很有用。

图 9-41　线性减淡（添加）模式

11）相减模式

相减（Subtract）模式在混合时从下层减去上层颜色，结果可以得到低于 0 的颜色，如图 9-42 所示。在这种情况下，如果通道不是 HDR，结果将被剪切。

图 9-42　相减模式

12）逆相减模式

逆相减（Inverse Subtract）模式与相减模式原理相同，但在混合操作中，上层和下层被交换，如图 9-43 所示。

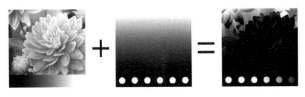

图 9-43　逆相减模式

13）差异模式

差异（Difference）模式在混合时从下层中减去上层颜色，取结果的绝对值（负值会变成正值），如图 9-44 所示。

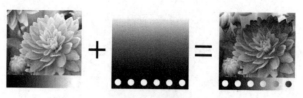

图 9-44　差异模式

14）排除模式

排除（Exclusion）模式类似于差异模式，但会产生对比度较低的结果，如图 9-45 所示。

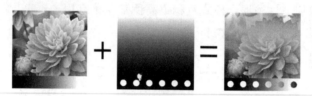

图 9-45　排除模式

15）标志附加（加减）模式

标志附加（加减）（Signed Addition（AddSub））模式可以根据上层的颜色对下层的颜色信息进行加或减。它对灰度值没有影响，但深色会变浅，浅色会变深，如图 9-46 所示。

图 9-46　标志附加（加减）模式

16）叠加模式

叠加（Overlay）模式结合筛选和正片叠底两种混合模式，如图 9-47 所示。它对上层中的灰度值不会有影响，但深色会更深，浅亮色会更浅。

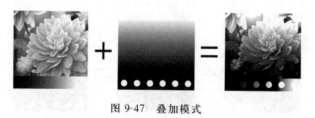

图 9-47　叠加模式

17）筛选模式

筛选（Screen）模式在混合时将来自上层和下层的颜色信息反转，然后将两者相乘，再将结果反转，这样产生的视觉效果与正片叠底模式相反，使图像更加明亮，如图 9-48 所示。

图 9-48 筛选模式

18）线性加深模式

线性加深（Linear Burn）模式在混合时将上层和下层颜色信息加在一起，然后从结果中减去 1，如图 9-49 所示。

图 9-49 线性加深模式

19）颜色加深模式

颜色加深（Color Burn）模式在混合时将上层的颜色信息除以下层的颜色信息。在执行该操作前，下层的颜色信息会被反转，如图 9-50 所示。该混合模式使上层变暗，并增加其对比度，以显示下层的颜色。下层的颜色越深，显示出的颜色就越多。

图 9-50 颜色加深模式

20）颜色减淡模式

颜色减淡（Color Dodge）模式在混合时将下层的颜色信息除以倒置的上层的颜色信息。这个操作会根据上层的值增亮下层，如图 9-51 所示。上层越亮，其颜色对下层的影响越大。

图 9-51 颜色减淡模式

21）柔光模式

柔光（Soft Light）模式类似于叠加模式，但应用不同的曲线混合颜色信息，从而使图像对比度降低,如图 9-52 所示。

图 9-52　柔光模式

22) 强光模式

强光(Hard Light)模式类似于叠加模式(结合正片叠底和筛选操作),如图 9-53 所示。与叠加模式不同的是,强光模式操作的顺序是反转的,这将导致图像的颜色较暗或较亮,但对比度较低。

图 9-53　强光模式

23) 强烈光源模式

强烈光源(Vivid Light)模式结合颜色减淡和颜色加深两种混合模式。颜色减淡适用于比灰色浅的颜色,颜色加深适用于比灰色深的颜色,灰色值不受影响。结果是图像的对比度更强,如图 9-54 所示。

图 9-54　强烈光源模式

24) 线性光模式

线性光(Linear Light)模式结合了线性减淡和线性加深两种模式。线性减淡适用于比灰色浅的颜色,线性加深适用于比灰色深的颜色,灰色值不受影响。结果类似于强烈光源,但对比度较低,如图 9-55 所示。

图 9-55　线性光模式

25）点光模式

点光（Pin Light）模式根据上层的颜色对颜色信息进行减淡和减暗。如果上层的颜色比下层的颜色更深，它们将可见；否则，它们将被丢弃。同样的原理也适用于亮色。这种混合模式可能会产生补丁或斑点（大的噪点），而且它完全删除了所有中间色调，如图9-56所示。

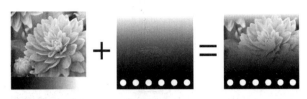

图9-56　点光模式

26）色调模式

色调（Tint）模式在混合时用HSV模型执行操作，只保留上层的色相，并使用下层的饱和度和明度值。黑色和非常暗的颜色没有任何色调，因此下层的颜色将保持不变，如图9-57所示。

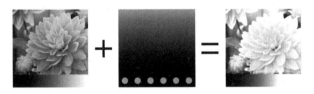

图9-57　色调模式

27）饱和度模式

饱和度（Saturation）模式在混合时用HSV模型执行操作，只保留上层的饱和度，并使用下层的色相和明度值。黑色和非常暗的颜色会被去饱和，因此下层的颜色会变成灰色，如图9-58所示。

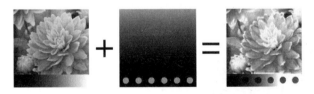

图9-58　饱和度模式

28）颜色模式

颜色（Color）模式在混合时用HSV模型执行操作，只保留上层的色相和饱和度，使用下层的明度值。黑色和非常暗的颜色没有任何色相，而且是去饱和的，因此下层的颜色将变成灰色，如图9-59所示。

29）值模式

值（Value）模式在混合时用HSV模型执行操作，只保留上层的明度值，并使用下层的色相和饱和度，如图9-60所示。

图 9-59　颜色模式

图 9-60　值

30）法线贴图合并模式

法线贴图合并（Normal Map Combine）模式执行混合操作，保留细节，同时保持平面法线。

31）法线贴图细节模式

法线贴图细节（Normal Map Detail）模式比法线贴图合并模式更精确，保留平坦的法线贴图和两个源的强度，上层法线被重新定向到下层的表面。

32）法线贴图细节翻转模式

法线贴图细节翻转（Normal Map Inverse Detail）模式与法线图细节模式的行为相同，但它对下层进行变换以适应上层的表面。

3. 绘制步骤

图层中有多个通道，在默认设置下显示基本色（Base Color）。可以使用“图层”面板左上角的下拉列表框更改通道，如图 9-61 所示。

可以利用图层中的各个通道分别设置不同的混合模式和透明度。

接下来，单击工具栏中的绘制工具进行绘制，如图 9-62 所示。

图 9-61　在图层中更改通道

图 9-62　工具栏中的绘制工具

在绘制纹理之前，需要首先设置画笔，然后设置材质。选择了图层（不包括填充图层）后，“绘画”面板的“画笔”选项卡显示画笔的属性以及分配给画笔的材质，如图 9-63 所示。可以更改画笔大小、流量、笔刷透明度和间距。

要设置画笔属性，最简单的方法是在展架的画笔列表中选择预设的画笔，如图 9-64 所示。如果需要自定义其属性，则调整上面说明的属性即可。

图 9-63 "画笔"选项卡

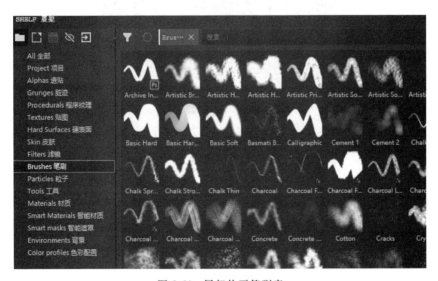

图 9-64 展架的画笔列表

　　展架上的预设画笔具有 Alpha 贴图,用于确定画笔形状或图案的纹理。在"绘画"面板的 Alpha 选项卡中设置 Alpha 贴图,如图 9-65 所示。单击"Alpha 透贴"区域,将显示用于 Alpha 贴图的纹理列表。

　　也可以将 Alpha 贴图拖到展架的"Alphas 透贴"区域中,然后将其拖放到"Alpha 透贴"按钮上。"Alpha 透贴"按钮右侧的×按钮可以删除选定的 Alpha 贴图。"Alpha 透

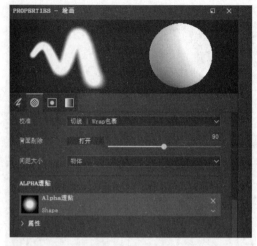

图 9-65　Alpha 选项卡

贴"区域下面的"属性"显示其他属性,例如强度。

　　设置画笔的参数后,需要设置画笔的材质,例如画笔颜色。在 Base Color 区域中设置画笔颜色。单击颜色框,然后选择颜色,如图 9-66 所示。

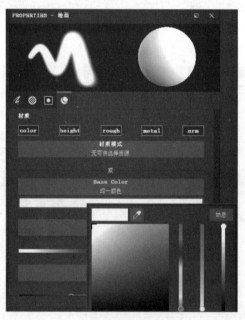

图 9-66　选择画笔颜色

　　也可以使用纹理设置基本色。从展架上拖动所需的纹理并将其放在 Base Color 区域中。使用带有导入纹理的画笔绘制的示例如图 9-67 所示。

　　画笔"材质"选项卡的"属性"区域将显示通道属性。默认设置下,属性包括基础色、高度、粗糙度、金属色和法线贴图,也可以将纹理分配给这些通道。可以在"纹理集设置"面板中添加/删除通道按钮。

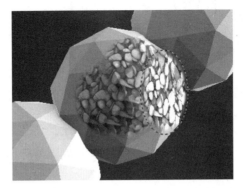

图 9-67　使用带有导入纹理的画笔绘制的示例

默认情况下,通道按钮位于"材质"选项卡的顶部,如图 9-68 所示。当通道按钮左侧显示淡蓝色线时,表示该通道已启用。绘制动作将反映在同时启用的所有通道上。通过启用/禁用通道按钮,可以设置绘制所针对的通道。

图 9-68　通道按钮

例如,如果要在不着色的情况下为对象添加凹凸,单击 Height 通道按钮(显示为 height),如图 9-69 所示。然后,调整 Height 通道的值。如果将值设置为正,则为凸出;如果将值设置为负,则为凹下的。

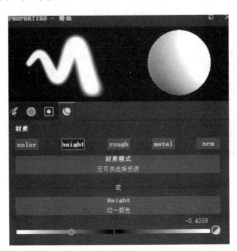

图 9-69　height 通道按钮

"属性"区域右侧的 ![icon] 按钮用于反转值,也可以按 X 键达到同样的目的。在 Height 通道中绘画时,可以设置纹理以添加图案。一种方法是将纹理设置为 Alpha 贴图,另一种方法是将纹理设置为 Height 通道。例如，将纹理设置为 Alpha 贴图时，可以使用高度值调整凹凸的高度。

如果同时将纹理设置为 Alpha 贴图和 Height 通道，则使用此设置绘画与仅使用 Alpha 贴图绘画不同，如图 9-70 所示。图 9-70 的左侧显示了使用 Alpha 贴图的结果，右侧显示了同时使用 Alpha 贴图和 Height 通道的结果。不建议同时使用 Alpha 贴图和 Height 通道，最好仅将 Alpha 贴图用于凹凸纹理的绘制。

注意：不要只将纹理设置为 Height 通道。

如果仅将纹理设置为 Height 通道，则结果会出现锯齿。这是因为画笔的纹理没有被 Alpha 贴图遮盖，如图 9-71 所示。

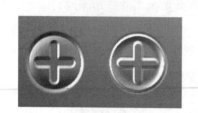

图 9-70　将图案纹理设置为 Alpha 贴图和 Height 通道的对比

图 9-71　结果出现锯齿

即使使用法线贴图添加凹凸纹理，操作也基本相同。启用"属性"面板的 Normal 通道按钮，并将法线贴图设置为法线，这样就无须在 Alpha 贴图上设置纹理。

法线贴图有"宽度"参数，如图 9-72 所示。

图 9-72　"宽度"参数

将法线贴图设置为 Normal 通道时，不需要为 Alpha 贴图设置纹理。在展架上选择法线贴图时，可以选择"Hard Surfaces 硬表面"并启用过滤器编辑器，如图 9-73 所示。

纹理分辨率会影响凹凸形状的准确性，因此应正确使用它。纹理大小可以在"纹理集设置"面板中更改，如图 9-74 所示。当 PC 的处理能力不足时，可以将其设置为较小的值。但是，导出时需要创建准确的纹理，因此要在导出窗口中将纹理大小更改为较大的值。

图 9-73 选择"Hard Surfaces 硬表面"并启用过滤器编辑器

（大小：512） （大小：4096）

图 9-74 纹理分辨率对凹凸形状的影响

9.7 各种绘制技巧

设置画笔和材质属性后，即可进行纹理绘制。绘画快捷键如表 9-3 所示。

表 9-3 绘画快捷键

快 捷 键	功 能
Ctrl＋按下鼠标右键并水平拖动鼠标	更改画笔大小
Ctrl＋按下鼠标右键并垂直拖动鼠标	更改画笔硬度
Ctrl＋按下鼠标左键并水平拖动鼠标	更改画笔流量
Ctrl＋按下鼠标左键并垂直拖动鼠标	更改画笔角度
F5 键	切换到透视图
F6 键	切换到正交视图

如果要绘制直线,单击起点,然后按住 Shift 键单击终点,如图 9-75 所示。

1. 校准

笔刷的校准方式确定画笔绘制的方向。校准方式选项如图 9-76 所示。

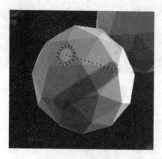

图 9-75　绘制直线

图 9-76　笔刷的校准方式选项

（1）"Camera 镜头"。无论对象表面的方向如何,始终将绘画平面设置为朝向屏幕（视图）。例如,如果在 Base Color 通道中使用纹理画笔在球体等弯曲表面上进行绘制,则投影的纹理将在弯曲表面的边缘处拉伸,如图 9-77 所示。

（2）"切线｜Wrap 包裹"。将绘制平面的法向设置为与对象的法向一致,如图 9-78 所示。投影的纹理将包裹在对象的曲面,而不会拉伸。

图 9-77　"Camera 镜头"方式的效果

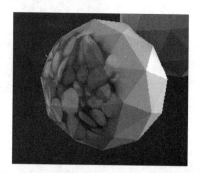

图 9-78　"切线｜Wrap 包裹"方式的效果

（3）"切线｜平面"。类似于"切线｜Wrap 包裹"方式,将绘制平面的法向设置为与对象表面相切,绘制的纹理将在弯曲表面上被拉伸,如图 9-79 所示。

图 9-79　"切线｜平面"方式的效果

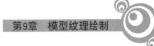

（4）UV。根据 UV 贴图进行绘制。当绘制 UV 岛时，即使绘制操作靠近视图中的目标区域，绘制的纹理也不会投射到其他 UV 岛，如图 9-80 所示。

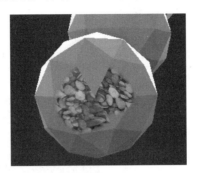

图 9-80　UV 方式的效果

2．背面剔除

启用"背面剔除"选项时，可以使用背面剔除的值控制绘制操作。该值用于确定可以绘制涂漆表面的角度。例如，有一个立方体，用背面剔除方式（角度设置为 60°）在表面上绘画，则不能在与绘制的表面夹角大于 60°的表面上绘画，如图 9-81 所示。

图 9-81　剔除与绘制的表面夹角大于 60°的表面

3．间距大小

"间距大小"选项可以确定画笔大小，如图 9-82 所示。

图 9-82　"间距大小"选项

可以根据以下 3 项之一确定画笔大小：

（1）物体。画笔大小固定于要绘制的物体。在 3D 视图上放大或缩小物体时，画笔大小将保持不变。

（2）视图。画笔大小固定于视图。当放大或缩小视图时，画笔大小将保持不变。

（3）纹理。笔刷大小固定于纹理。

要清除绘制内容，可使用橡皮擦工具。单击工具栏上的 按钮，然后在要清除的位置来回拖动。可以为橡皮擦设置纹理或受其影响的通道。

9.8　物理绘图

物理绘图是利用粒子画笔在物体表面上绘制纹理。物理绘画工具如图 9-83 所示。物理绘图的效果如图 9-84 所示。

图 9-83　物理绘图工具

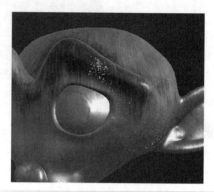

图 9-84　物理绘图的效果

要使用物理绘图,先在展架的"Particles 粒子"类别中选择一个粒子画笔,如图 9-85 所示。

图 9-85　展架的"Particles 粒子"类别

与物理绘图有关的属性如图 9-86 所示。

物理绘图的属性主要有以下 3 个:

(1) dt。设置产生粒子的时间。

(2) 发射器。设置与发射粒子有关的属性。单击"发射器"按钮选择发射粒子的方式,如图 9-87 所示。属性因选择而异。例如,如果选择了喷雾发射器(Spray),则要设置与喷雾相关的属性,例如生成的粒子的散布范围和散布速度等;如果选择了雨发射器(Rain),则要设置与雨相关的属性,例如重力方向和湍流功率。

(3) 接收器。设置与粒子在对象表面的移动有关的属性。单击"接收器"按钮选择接收粒子的方式,如图 9-88 所示。接收器有摩擦、全局风、粒子生命周期等属性。

图 9-86 与物理绘图有关的属性

图 9-87 选择发射粒子的方式

图 9-88 选择接收粒子的方式

9.9 模板绘制

例如，要在模板上涂金色材质，可以添加一个用于在模板上绘画的图层，如图 9-89 所示。

图 9-89　添加一个图层

单击工具栏上的绘制工具按钮再设置材质，从展架的"材质"下拉列表中选择"纯金（Gold Pure)"材质，将其设置为画笔的材质，如图 9-90 所示。

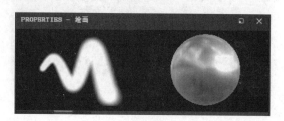

图 9-90　将"纯金(Gold Pure)"材质设置为画笔的材质

在"属性"面板中单击"STENCIL 模板"按钮（此时该按钮中显示"无可供选择资源"），如图 9-91 所示。

图 9-91　单击"STENCIL 模板"按钮

选择要用作模板的纹理，或从展架上拖动纹理并将其放到"Stencil 模板"区域中，纹理将覆盖在视图上。仅当选择了绘制模板的图层时，才会显示覆盖效果。这里选择 Dirt Smudge 纹理，将"平铺模式"设置为"H 和 V 平铺"，如图 9-92 所示。

图 9-92　将"平铺模式"设置为"H 和 V 平铺"

纹理在 3D 视图中的显示结果如图 9-93 所示。

使用模板可以根据覆盖在视图上的纹理图案进行绘画。按 S 键可以显示操作快捷键，如图 9-94 所示。按住 W 键可以暂时隐藏纹理图案（放开 W 键即恢复显示）。

使用模板的绘画结果如图 9-95 所示。

映射工具用于在对象上添加贴花。单击工具栏上的 按钮启用映射工具。映射工具分为普通的映射工具和物理映射工具。物理映射工具使用粒子画笔为普通映射工具设置贴花。

图 9-93　纹理 3D 视图中的显示结果

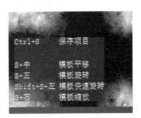

图 9-94　操作快捷键

必须为画笔设置贴花纹理。选择要绘制的图层后,需要在"属性"面板的"材质"选项卡中的 Base Color 属性区域设置纹理,如图 9-96 所示。

图 9-95　使用模板的绘画结果

图 9-96　为画笔设置纹理

对于要用于投影的贴花纹理,需要注意其大小在两个轴上应相等。在大多数情况下,可以将导入的纹理用于贴花。必须创建垂直和水平尺寸相同的纹理,否则图案会出现变形。设置纹理后,纹理将覆盖在视图上,如图 9-97 所示。

使用投影工具可以与绘制模板相同的方式绘画。绘制贴花时,需要正确绘制贴花的边界,否则纹理的影响将超出贴花部分。如果绘制了错误的区域,应使用橡皮擦工具擦除不理想的部分。使用投影工具绘制贴花的示例如图 9-98 所示。

使用投影工具绘制贴花时,以下操作很有用:

- 将视图设置为正交视图模式(F6 键)。按 F5 键返回透视模式。
- 使用 Shift+Alt+单击吸附视点。

图 9-97　纹理覆盖在视图上

图 9-98　使用投影工具绘制贴花的示例

- 贴花和物体的材质不同。因此,贴花不仅应该绘制基本色,还应该绘制粗糙度、高度和法线。在绘制过程中,按 C 键在视图中显示特定的通道,便于查看要绘制的位置。
- 模板和投影均可在 2D 视图中绘制。在某些情况下,在 2D 视图中更容易进行贴花绘制,但是这取决于物体的 UV 贴图是如何展开的。

9.10　生成文本

Substance Painter 可以绘制可修改的文本。步骤如下:

(1) 添加填充图层并设置填充图层的属性,例如颜色和粗糙度。

(2) 在填充图层中添加黑色遮罩,并在黑色遮罩上添加"绘画"图层,如图 9-99 所示。

图 9-99　在黑色遮罩上添加"绘画"图层

（3）在展架的"Alphas 透贴"列表中选择一个 Alpha 透贴用于生成文本，如图 9-100
所示。然后将其拖放到画笔的"属性"面板中的"Alpha 透贴"区域，如图 9-101 所示。

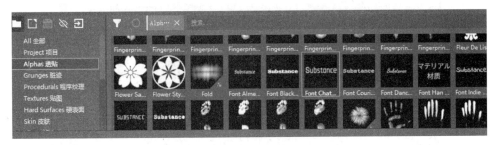

图 9-100　展架的"Alphas 透贴"列表

图 9-101　"Alphas 透贴"区域

在"文本"右侧的文本框中输入文本，可以随时更改文本。实际上，此时绘制已经完
成。如果仅显示 3D 视图，则无法知道绘制的文本的位置（取决于 UV 贴图）。显示 2D 视
图时，文本将添加到 UV 贴图的中间，此时需要调整其"大小""对齐"或"位置"参数。

绘制文本时，应显示 2D 视图。如果文本方向不正确，需要使用滤镜。单击"效果"按
钮后，选择"添加滤镜"命令。然后，在"属性"面板中单击"滤镜"按钮（此时按钮中显示为
"未选择滤镜"），然后选择 Transform（变换）滤镜。该滤镜可以移动或旋转图层或遮罩，
因此可以旋转文本，如图 9-102 所示。

涂抹工具用于使鼠标拖动的部分产生涂抹效果，它与普通 2D 绘图软件的涂抹工具

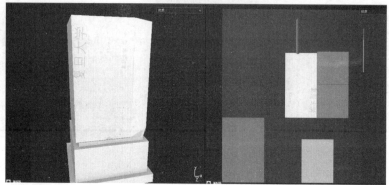

图 9-102　使用滤镜旋转文本

类似。单击工具栏上的 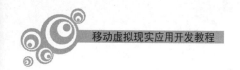 按钮以使用涂抹工具,如图 9-103 所示。

　　穿过混合模式是无损涂抹的最佳方式。使用涂抹工具时,可以通过以下操作保留原始图层:添加新图层并将其混合模式更改为"穿过 Passthrough",并在新图层上使用涂抹工具。此操作也可以在克隆工具中使用。

　　克隆工具的功能与普通 2D 绘图软件相同。单击工具栏上的 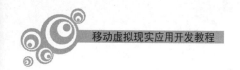 按钮以使用克隆工具。首先按下鼠标左键并按住 V 键来设置源位置,然后释放 V 键并在目标区域绘制。在操作时,方框表示源,双圆圈表示克隆的目标,如图 9-104 所示。

图 9-103　使用涂抹工具

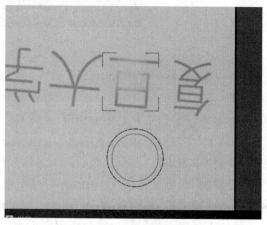

图 9-104　克隆的源和目标

9.11 克隆和透明

启用克隆工具按钮下的"克隆（绝对来源）"选项时，源不会随鼠标一起移动，即源位置保持不变，如图 9-105 所示。

和涂抹工具一样，克隆工具也应该在穿过混合模式模式下使用。

图 9-105 "克隆（绝对来源）"选项

拾取器也就是吸管工具，可以在绘制操作中使用此工具拾取材质，但是如果选择了不可绘画的图层，则不能使用此工具。选择可绘制的图层或遮罩后，可以用拾取器在视图中拾取材质。要使用此工具，单击工具栏上的 按钮或按 P 键。

透明画笔可以使绘制区域有透明效果。但是需要选择可显示透明效果的着色器，并需要添加不透明度（Opacity）通道。在"查看器设置"面板中，选择 pbr-metal-rough-with-alpha-test 着色器，如图 9-106 所示。

如果要使用不透明画笔绘画，应选择 pbr-metal-rough-with a alpha blending 着色器，如图 9-107 所示。

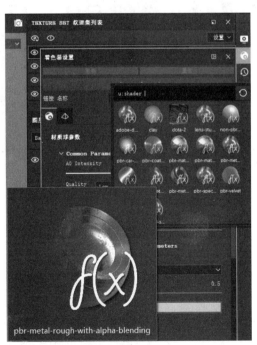

图 9-106 选择 pbr-metal-rough-with-alpha-test 着色器

图 9-107 选择 pbr-metal-rough-with a alpha blending 着色器

在"纹理集设置"面板中添加 Opacity 通道，如图 9-108 所示。

在"图层"面板中为透明画笔添加一个新图层。在"属性"面板的画笔材质中启用显示 op 的 Opacity 通道，并禁用所有其他通道，设置不透明度值，如图 9-109 所示。

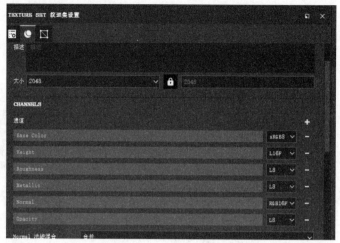

图 9-108 添加 Opacity 通道

绘制时,对象变为透明,如图 9-110 所示。

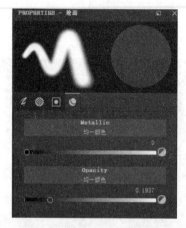

图 9-109 设置不透明度值

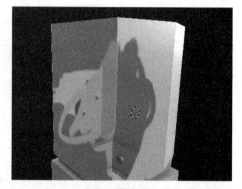

图 9-110 对象变为透明

第 10 章　预设材质、智能材质和遮罩

10.1　预设材质与智能材质

Substance Painter 的展架上有许多预设材质和智能材质,如图 10-1 所示。将展架中的材质拖放到"图层"面板时,将创建包含该材质的新图层或将它们用作画笔的材质。

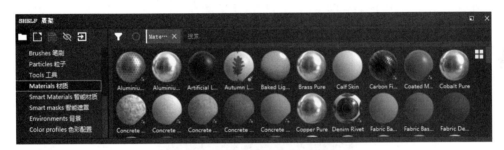

图 10-1　预设的材质和智能材质

材质和智能材质的区别在于:材质只包含通道和纹理;而智能材质不仅包含通道和纹理,还包含多个图层和遮罩。例如,智能材质 Bronze Corroded 的情况如图 10-2 所示。

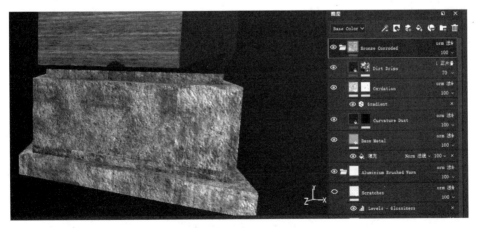

图 10-2　智能材质 Bronze Corroded 的情况

预设材质可以调整 UV 贴图和通道的参数。智能材质可以在多层和遮罩图案之间

调整设置,可以做出很大改变,这就是它被称为"智能"的原因。有时,如果 UV 贴图很复杂或分成几部分,并使用具有图案化纹理的材质,则该图案在 UV 贴图接缝位置不连续,如图 10-3 所示。

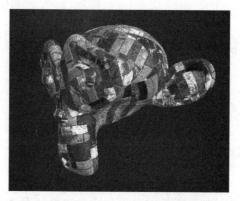

图 10-3　图案在 UV 贴图接缝位置不连续

在这种情况下,应将 UV 贴图的"映射"属性设置为"Tri-planar 三面映射",如图 10-4 所示。

图 10-4　将"映射"属性设置为"Tri-planar 三面映射"

当采用三面映射时,UV 贴图将从 3 个方向映射纹理,因此可以使不连续区域不明显,如图 10-5 所示。

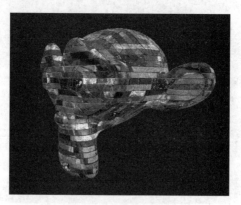

图 10-5　三面映射效果

建议首先使用三面映射来校正 UM 贴图问题。如果效果不佳,再使用"高级三面"效果。

所以，最好不要利用 Blender 的自动展开 UV 贴图功能（即"智能 UV 投射"），该功能会根据设置将展开的 UV 贴图切碎，或者在不适当的位置分开。在这种情况下，Substance Painter 将无法处理它。因此，UV 贴图展开最好手动完成，为接缝设置适当的最小值并将接缝放在不显眼的位置。但是，当使用图案规律性不明显的材质进行绘制时，即使自动展开 UV 贴图也没有问题，因为即使接缝的位置不合适，也不影响效果。

如果要将预设材质添加到展架，首先在"属性"面板上右击，然后在弹出菜单中选择"创建材质预设"命令，如图 10-6 所示。

右击展架上的预设材质，将显示如图 10-7 所示的弹出菜单。

图 10-6 "创建材质预设"命令　　　图 10-7 右击预设材质的弹出菜单

可以更改预设材质名称，删除预设材质，将其导出到外部文件（sppr 文件）或发布到 Substance Share。智能材质在共享发布时应包含保存在指定文件夹中的图层结构。右击该文件夹，从弹出菜单中选择"创建智能材质"命令，即可将其作为预设智能材质添加到展架中。

前面介绍了如何使用 Alpha 贴图和颜色贴图之类的纹理来设置和使用画笔和通道。下面说明如何向展架添加新纹理。可以直接将纹理拖放到展架上，或在"文件"菜单中选择"导入资源"命令，打开"Import resources 导入资源"对话框，如图 10-8 所示。

图 10-8 "Import resources 导入资源"对话框

单击窗口顶部的"添加资源"按钮，然后选择要导入的纹理（注意，如果将纹理放在展架上，则可以跳过此步骤）。选择要导入的纹理后，它将在窗口中列出。从右侧的按钮中选择导入纹理的类别（alpha、colorlut、environment 和 texture），如图 10-9 所示。

导入多个纹理时，分别设置每个类别很不方便。因此，在按住 Shift 键的同时选择要导入为同一类别的所有纹理，然后单击所选纹理的"未定义"按钮之一，则可以一次设置选定的纹理。在下一步中,从窗口右下角的"将你的资源导入到:"下拉列表框中选择导入纹理的 3 个使用范围之一,如图 10-10 所示。选择后,单击"导入"按钮。

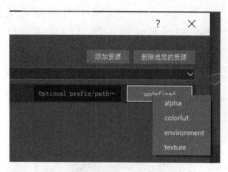

图 10-9　选择导入纹理的类别

图 10-10　选择纹理使用范围

导入纹理的使用范围有 3 种类型:

- 当前会话:导入的纹理将仅限于在当前会话中使用。材质画笔关闭后,将无法使用纹理。
- 项目文件:可以在项目文件中使用导入的纹理。
- 展架:始终可以在展架上使用导入的纹理。

工具栏中有两个按钮可以跳转到 Substance Share 和 Substance Source 以获取纹理、材质、画笔等。从这些网站获取上述资源后,可以将它们放到下面的文件夹中以导入它们:

- Windows:

C:\Users\ * **username** * \Documents\Allegorithmic\Substance Painter\。

- Mac OS:

Macintosh>Users> * username * >Documents>Allegorithmic>Substance Painter。

- Linux:

/home/ * **username** * /Documents/Allegorithmic /Substance Painter/。

将 SBSAR 文件分类放在以下文件夹中:

- 如果是材质,将其放在 materials 文件夹中。
- 如果是滤镜,将其放在 effects 文件夹中。
- 如果是生成器,将其放在 generators 文件夹中。
- 如果是程序纹理,将其放在 procedurals 文件夹中。

SPPR 文件是预设材质的扩展,将其放在 presets 文件夹下合适的文件夹中。

SPSM 是智能材质的扩展,将其放在 Smart-Materials 文件夹中。

SPMSK 是智能遮罩的扩展,将其放在 smart-masks 文件夹中。

从 Substance Source 导入的材质将自动显示在展架上。

如果需要使用新资源,例如 Alpha 贴图、纹理、程序文本或其他贴图,并希望将旧资源更新为新资源交换,应使用 Resource Updater 工具。

单击工具栏上的■按钮激活资源更新程序,在打开的 Substance Painter-Resource Updater 对话框中会显示所有资源的列表,如图 10-11 所示。单击列表中资源右侧的

Select new resource(选择新资源)按钮选择新资源,然后单击 Update 按钮或 Update All 按钮执行资源更新操作。

图 10-11 Substance Painter-Resource Updater 对话框

在 Substance Painter 中绘画时主要使用图层混合和遮罩。

可以通过"图层"面板完成遮罩设置。选择图层,单击"图层"面板顶部的"添加遮罩"按钮,或者在图层上右击,在弹出菜单中选择相应的添加遮罩命令,就可以为图层添加遮罩,如图 10-12 所示。

图 10-12 为图层添加遮罩

遮罩有以下 5 种:
- 白色遮罩。
- 黑色遮罩。
- 位图遮罩。
- 颜色选择遮罩。
- 高度组合遮罩。

黑色遮罩和白色遮罩的用法如下。首先添加要使用遮罩的图层。例如,在基础材质层上添加带有材质的新层。然后将黑色遮罩添加到新图层,可以单击"添加遮罩"按钮,也可以右击图层,然后在弹出菜单中选择"添加黑色遮罩"命令。添加遮罩时,将在图层框旁边添加一个遮罩框。遮罩框右侧的浅蓝色表示已选中它,如图 10-13 所示。可以在选中的遮罩上执行绘画等的操作，并且"属性"面板中显示的参数是遮罩的属性。

由于黑色遮罩仅显示在其上绘制的部分，因此添加黑色遮罩后，立即不再显示它下面的图层。选择黑色遮罩后，绘制要在视图上显示的部分。

黑色遮罩的绘制示例如图 10-14 所示。

图 10-13　遮罩框右侧的浅蓝色表示已选中它

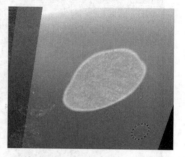

图 10-14　黑色遮罩的绘制示例

白色遮罩与黑色遮罩相反，使在其上绘制的部分不可见。白鬼遮罩的绘制示例如图 10-15 所示。

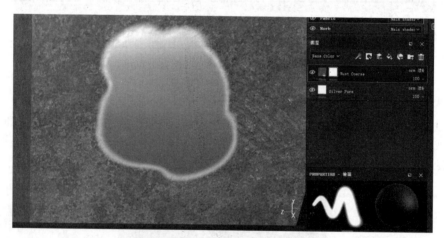

图 10-15　白色遮罩的绘制示例

位图遮罩基于纹理进行遮盖。选择位图遮罩后，填充图层会添加到"图层"面板中的遮罩框。这意味着位图遮罩基于在"属性"面板中设置的纹理的灰度信息进行遮盖。即使设置了彩色纹理（例如石材路面），由于位置遮罩使用灰度信息，因此图层也会被相应地遮盖。位图遮罩的绘制示例如图 10-16 所示。

在创建遮罩时单击工具栏上的■按钮，可以使用几何体填充。"属性"面板中的"几何体填充"选项卡如图 10-17 所示。

选择以下填充模式之一，然后在视图上绘画。

▲：按三角形绘制。即使要绘制的对象是四边形，也将按三角形绘制（Substance Painter 会把四边形转换为三角形）。

■：按四边形绘制。

◆：立即填充网格。

图 10-16　位图遮罩的绘制示例

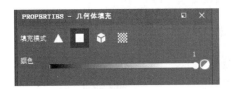

图 10-17　"几何体填充"选项卡

：根据 UV 岛进行绘制。

　　使用"多边形填充"的遮罩绘制示例，如图 10-18 所示。在此绘制模式下，将显示线框，以便可以看到网格结构。

图 10-18　使用"多边形填充"的遮罩绘制示例

　　因为"多边形填充"模式基本上是沿着多边形绘制的，所以可能存在未绘制的部件（例如倾斜部件）。在这种情况下，建议使用"快速遮罩"。

　　除了上面说明的内容以外，与遮罩有关的操作如下。

在图层上右击，将弹出与遮罩相关的菜单，如图 10-19 所示。

图 10-19　与遮罩相关的菜单

按住 Alt 键单击遮罩框，可以在视图中仅显示遮罩，如图 10-20 所示。要返回视图正常显示模式，应按 M 键或单击图层

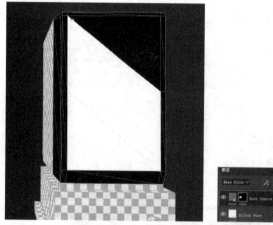

图 10-20　在视图中仅显示遮罩

按住 Shift 键单击遮罩框可以禁用遮罩，如图 10-21 所示。

图 10-21　禁用遮罩

可以按住 Ctrl 键将材质或智能材质从展架上拖放到"图层"面板上，这样将创建带有选中的材质和黑色遮罩的新图层。

按 X 键可以反转画笔的灰度值。

要删除设置为图层的遮罩，在"图层"面板上右击后，在弹出菜单中选择"删除遮罩"

命令。位于"图层"面板顶部的"删除"按钮用于删除图层,不能只删除遮罩。

选择有遮罩的图层,右击图层,在弹出菜单中选择"创建智能遮罩"命令,可以在展架上创建智能遮罩。

10.2 智能遮罩

将智能遮罩从展架上拖放到"图层"面板中的图层上,即可为该图层设置智能遮罩。智能遮罩可以通过更改参数调整强度和形状。由于智能遮罩通常引用贴图,因此在使用之前,需要将要引用的贴图设置为纹理集。

使用智能遮罩的示例如图 10-22 所示。

图 10-22　使用智能遮罩的示例

将 Moss 智能遮罩拖放到该图层的 Rust Coarse 材质中,Moss 将以 Mask Builder - Legacy 的名称显示,如图 10-23 所示。智能遮罩通常是由生成器创建的,因此,会显示生成器的名称。

单击 Mask Builder - Legacy,效果的属性将显示在"属性"面板中。可以使用这些属性调整遮罩。生成器属性如图 10-24 所示。

图 10-23　Mask Builder - Legacy

图 10-24　生成器的属性

生成器的"参数"和"图像输入"选项区的详细内容,如图 10-25 所示。

在"图像输入"选项区中可以看到已设置的附加贴图。该智能遮罩基于这些贴图创建遮罩图案。可以在"参数"选项区中调整这些纹理的参数。上述 Moss 智能遮罩调整的结果如图 10-26 所示。

可以为图层添加任意数量的智能遮罩。例如,添加一个名为 Ground Dirt 的遮罩,它主要用于为放在地面的物体添加灰尘。

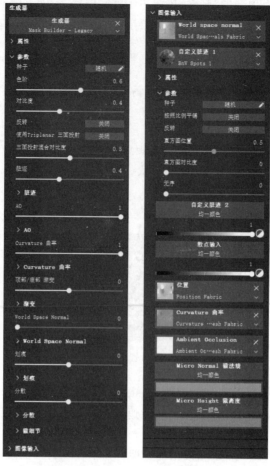

图 10-25　生成器的"参数"和"图像输入"选项区的详细内容

图 10-26　Moss 智能遮罩调整的结果

　　该遮罩包含两个效果，即 Grunge Map 31 Bitmap 和 MG Ground Dirt（名称显示为 Mask Editor），如图 10-27 所示。可以通过单击效果名称左侧的眼睛图标打开或关闭效果。

图 10-27　新添加的遮罩包含两个效果

添加 Ground Dirt 遮罩的结果如图 10-28 所示。

图 10-28　添加 Ground Dirt 遮罩的结果

可以看出，较早添加的 Moss 智能遮罩的效果已消失，这与每个遮罩（及其包含的效果）的混合模式和参数有关。为了保留下层遮罩的效果，需要更改上层遮罩的效果的混合模式。单击 MG Ground Dirt 效果（即 Mask Editor）将其混合模式更改为"Ldge 线性减淡"，如图 10-29 所示。

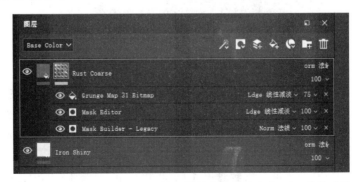

图 10-29　将 MG Ground Dirt 效果的混合模式更改为 Ldge 线性减淡

接下来，调整 MG Ground Dirt 效果对应的 Mask Editor 生成器的"全局模糊""全局平衡"和"全局对比"参数，如图 10-30 所示。

这样，对于一种材质，应用智能遮罩并调整其参数，完成遮罩的图案。叠加多个智能遮罩,调整上层遮罩的效果的混合模式和相应的生成器参数,就能得到不错的结果,如图 10-31 所示。

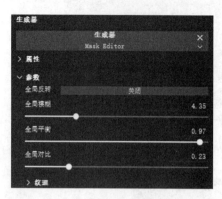

图 10-30　调整生成器的参数

图 10-31　多个智能遮罩叠加的结果

10.3　快速遮罩

到目前为止介绍的遮罩都是在图层上完成的。如果只想将物体表面分为不绘制的部分和绘制的部分,可以使用快速遮罩,在绘制图案或使用画笔制作遮罩时也可以使用此功能。本节给出使用快速遮罩在模型的特定部分涂锈迹的示例。

在视图中按 Y 键或从"视图"菜单中选择"启用快速遮罩"命令,视图上将显示文本 QUICK MASK,如图 10-32 所示。可以在此模式下进行快速遮罩的绘制。

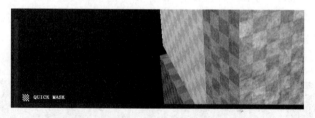

图 10-32　视图上显示文本 QUICK MASK

制作快速遮罩时,可以在"属性"面板的画笔材质的灰度属性中调整遮罩的不透明度。换句话说,将要完全遮盖的部分涂成黑色(见图 10-33);将不遮盖的部分涂成白色;如果要部分遮盖,则涂成灰色。还可以通过将纹理设置为灰度属性来向遮罩添加图案。另外,可以使用多边形填充以及用画笔绘制图案。

绘制完遮罩后,按 I 键可以反转遮罩颜色,也可以从"视图"菜单中选择"反转快速遮罩"命令,如图 10-34 所示。

按 U 键使快速遮罩生效。从展架上选择要绘制的材质,然后根据需要绘制图案,如图 10-35 所示。

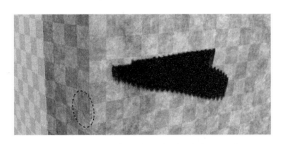

图 10-33 将要完全遮盖的部分涂成黑色

图 10-34 选择"反转快速遮罩"

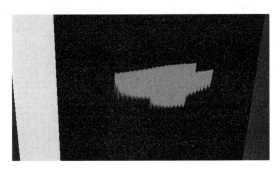

图 10-35 根据需要绘制图案

完成绘制后按 Y 键退出快速遮罩模式，最终效果如图 10-36 所示。此时，快速遮罩将被删除，并且无法重复使用。

图 10-36 应用快速遮罩的最终效果

第 11 章 使用 ID 贴图绘制遮罩

ID 贴图可以对象表面相同材质的部分分配同一种颜色。创建 ID 贴图时,要对相同材质的部分使用同一种颜色。在一个纹理集上设置不同的材质时,可以按照第 10 章所述,利用遮罩将对象表面划分为不同区域,也可以使用 ID 贴图轻松实现这一点。

创建 ID 贴图有两种方法:一种是导入在其他软件中创建的 ID 贴图,另一种是在 Substance Painter 中创建 ID 贴图。

11.1 在 Blender 中创建 ID 贴图

要在 Blender 中创建 ID 贴图,可以通过 Blender 的烘焙功能将对象的颜色烘焙为纹理(ID 贴图)的方法。烘焙可以使用 Blender 的渲染功能,也可以使用 Cycles。由于创建 ID 贴图只是简单的彩色烘焙,因此无须使用 Cycles,使用 Blender 的渲染功能就足够了。

为对象设置不同纹理的各部分添加不同的材质,并设置不同的颜色(使用漫反射颜色设置颜色),如图 11-1 所示。

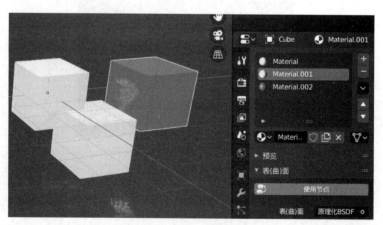

图 11-1 为对象各部分添加不同的材质并设置不同的颜色

将对象 UV 展开,如图 11-2 所示。进入编辑模式(按 Tab 键),选择全部对象(按 A 键),然后转到 UV/图像编辑器。

单击 UV/图像编辑器标题上的"＋ 新建"按钮,如图 11-3 所示。

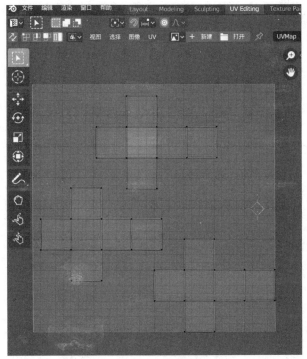

图 11-2 将对象 UV 展开

图 11-3 "+ 新建"按钮

在"新建图像"对话框中,输入要创建的纹理的名称(默认名称为 IDMap),设置纹理的宽度和高度,然后单击"确定"按钮,如图 11-4 所示。

单击 🖼 转到 Scene(场景)选项卡,将渲染引擎设定为 Cycles,如图 11-5 所示。

图 11-4 "新建图像"对话框

图 11-5 将渲染引擎设定为 Cycles

切换到 Shading 工作区,如图 11-6 所示。

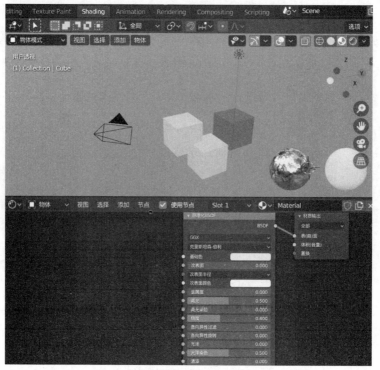

图 11-6　Shading 工作区

在节点编辑器视图中按 Shift＋A 键,添加图像纹理,如图 11-7 所示。

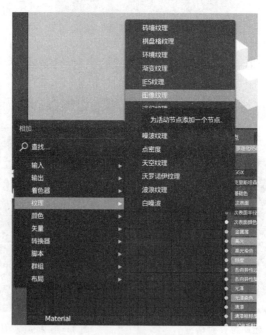

图 11-7　添加图像纹理

单击 按钮,将图像文件名指向前面创建的 IDMap 文件,如图 11-8 所示。

图 11-8 将图像文件名指向前面创建的 IDMap 文件

在其他材质对应的 Slot 中创建相同的节点,均指向前面创建的 IDMap 文件,并保持所有节点为选中的状态,如图 11-9 所示。

图 11-9 保持所有节点为选中的状态

在 Scene 面板上找到烘焙选项区,如图 11-10 所示。

将"烘焙类型"更改为"漫射",在"影响"下选择"颜色",然后单击"烘焙"按钮,如图 11-11 所示。

烘焙结果显示在 UV/图像编辑器中,如图 11-12 所示。

必须将烘焙的图像另存为外部文件,以便在 Substance Painter 中使用。从 UV/图像编辑器的"图像"菜单中选择"保存图像"或"将图像另存为"命令,然后保存文件。

将导出的对象数据和先前保存的纹理(ID 贴图)导入 Substance Painter 中,如图 11-13 所示。导入的 ID 贴图将被存放在展架的"Texture 贴图"类别中。

将导入的 ID 贴图拖放到"纹理集设置"面板的"烘焙模型贴图"列表中,如图 11-14 所示。

图 11-10　烘焙选项区

图 11-11　设置烘焙选项

图 11-12　烘焙结果

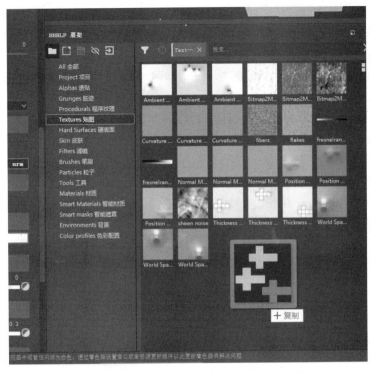

图 11-13　将 ID 贴图导入 Substance Painter 中

图 11-14　ID 贴图设置

　　要使用 Substance Painter 创建 ID 贴图,应使用"纹理集设置"面板中的烘焙功能。除此之外,还有一种手动创建遮罩的方法,但不建议这样做,因为这需要花费较多的时间和精力。烘焙 ID 贴图操作有两个参数:Color Source(颜色源)和 Color Generator(颜色生成器),如图 11-15 所示。在 Color Source 中选择要烘焙的 ID 贴图。使用从 Blender 导出的数据时,可以使用"顶点颜色"和"网格 ID"两种方法。

图 11-15　ID 烘焙参数

使用"顶点颜色"方法时,相邻的连接面将共享顶点,因此需要将其划分为不同对象的部分,然后进行顶点绘制。"网格 ID"方法将纹理分离的部分作为单独的对象,与"顶点颜色"方法相比,"网格 ID"方法更容易。在使用"网格 ID"方法时,首先需要在 Blender 中将纹理分离的每一部分设为单独的对象。将单独的对象识别为单独的网格 ID,并在 Substance Painter 中烘焙 ID 贴图。

在 Blender 的编辑模式下,进入面选择模式,然后选择要分离的面,按 P 键,使选定的面成为将临的对象。为了导入 Substance Painter,选择所有已分离的对象,然后将其以 FBX 格式从 Blender 中统一导出。然后,使用 Substance Painter 导入从 Blender 导出的数据。

在 Substance Painter 烘焙窗口中选择 ID 贴图。在 Color Source 下拉列表框中选择 Mesh ID/Polygroup,在 Color Generator 下拉列表框中选择 Hue Shift(色相偏移),然后单击窗口底部的"烘焙"按钮。另外,Color Generator 是关于如何放置颜色的参数,可以使用随机颜色,但是灰度颜色不适用于 ID 映射。烘焙完成后,ID 贴图将出现在"纹理集设置"面板中。

11.2　绘制遮罩

ID 贴图用于为图层创建遮罩。选择图层后,单击"图层"面板顶部的"添加遮罩"按钮,或在"图层"面板中右击,然后在弹出菜单中选择"添加颜色选择遮罩"命令,如图 11-16 所示。

单击"属性"面板中的"选取颜色"按钮,如图 11-17 所示。

图 11-16　选择"添加颜色选择遮罩"命令

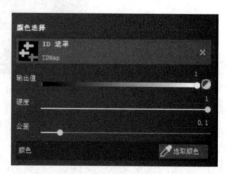

图 11-17　单击"选取颜色"按钮

3D 视图中的对象将显示为 ID 贴图,如图 11-18 所示。此时可以选择要在此图层中设置的部件颜色。

如果还有其他颜色与所选的颜色接近,则可以通过"公差"参数调整遮罩的颜色范围。选择图 11-18 中的一种颜色,然后在带有 ID 贴图的遮罩上绘制。由于不能直接在图层上绘制,因此,单击设置了遮罩的图层框,该图层显示浅蓝色框,可以在此状态下在遮罩上绘制纹理,如图 11-19 所示。

绘制时,会看到其他部分被遮盖,因此无法被绘制,如图 11-20 所示。

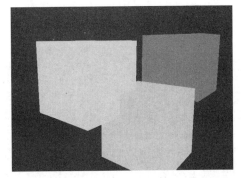

图 11-18　3D 视图中的对象显示为 ID 贴图

图 11-19　该图层显示浅蓝色框

图 11-20　其他部分被遮盖

　　对象中要划分材质的各部分通常包括不同的成员和不同的元素,每个部分不会只有一种材质。因此,应在每个部分中创建层次结构。"图层"面板中有创建文件夹按钮,可以在文件夹中设置颜色选择遮罩,对各部分进行材质管理。

　　在"图层"面板中单击■按钮创建文件夹,以保存带有 ID 贴图的颜色选择遮罩,如图 11-21 所示。

图 11-21　创建文件夹

选中创建的文件夹,右击,从弹出菜单中选择"添加颜色选择遮罩"命令,如图 11-22 所示。

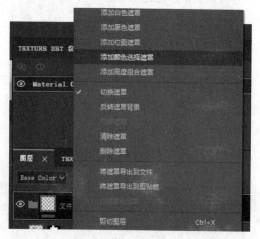

图 11-22　选择"添加颜色选择遮罩"命令

由于文件夹是每个部分的材质集合,因此可以将新材质和画笔添加到文件夹中。在图 11-23 中,对象被分为两部分,一部分叫作基座,另一部分叫作顶部,分别使用文件夹中的几种不同材质创建。

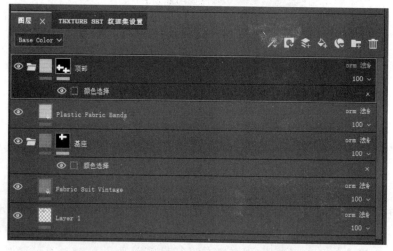

图 11-23　被划分为两部分的对象

第 12 章　纹理效果和导出

在处理遮罩和图层时可以使用效果。可以通过参数创建遮罩,以便仅显示对象的特定部分,调整整体颜色,添加模糊等效果等。

12.1　纹理效果

将效果用于图层的材质集时,应选择要添加效果的图层;而要向遮罩添加效果时,则需要单击遮罩框。若要添加效果,在"图层"面板上右击,从弹出菜单中选择对应的效果,如图 12-1 所示。

图 12-1　从弹出菜单中选择效果

也可以使用"图层"面板顶部的添加工具添加效果,如图 12-2 所示。

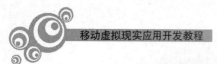

图 12-2　"图层"面板顶部的添加工具

添加效果时,图层或遮罩下方会出现橙色条,表示已设置效果,如图 12-3 所示。要删除效果,应单击效果右端的×按钮,或者右击效果,从弹出菜单中选择"删除效果"命令。

图 12-3　图层下方出现橙色条

可以添加任意数量的效果。因此,"图层"面板中显示的附加效果像图层一样从底部向顶部层层叠加,上层效果显示在下层效果之前。因此,必须为各效果设置混合模式才能同时使用多种效果。当将新效果添加到已经具有效果的图层或遮罩上时,添加的效果将们于顶部。在默认设置下,添加效果的混合模式为"Norm 法线",这意味着无法看到下层的效果。因此,当设置多个效果时,需要将混合模式更改为"Ldge 线性减淡",以显示其下方的效果,如图 12-4 所示。

图 12-4　将混合模式更改为"Ldge 线性减淡"

在图层上使用效果时,不能在填充图层上绘制。但是,展架上的许多材质包括填充图层。在某些情况下,可能希望直接在这些填充图层上绘制。在这种情况下,可以使用"绘画"效果。右击填充图层,从弹出菜单中选择"添加绘制"命令,然后添加"绘画"效果,以便可以对填充图层进行绘画,如图 12-5 所示。

图 12-5　添加"绘画"效果

效果可以像填充图层一样更改颜色。添加效果后,可在"属性"面板中调整整体颜色、粗糙度等,如图12-6所示。

图 12-6 在"属性"面板中调整效果参数

可以为材质添加Levels效果,以调整材质的颜色级别,可以对材质的每个通道进行颜色级别调整,如图12-7所示。此外,对于基本色和普通通道,可以对每个RGB通道进行调整。

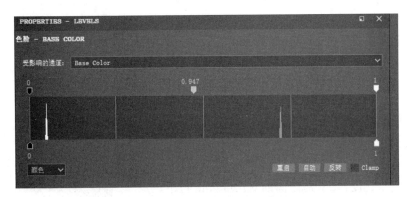

图 12-7 为材质添加 Levels 效果

当要添加三面映射、模糊和图案、色彩收集(色调、饱和度等)等效果时,可以使用添加工具中的"添加滤镜"选项,如图12-8所示。

添加效果时,在"属性"面板中单击"滤镜"按钮(此时按钮中显示"未选择过滤器"),将显示可以添加的滤镜列表,从中选择要添加的滤镜,如图12-9所示。

图 12-8　添加工具中的"添加滤镜"选项

图 12-9　"滤镜"按钮

12.2　高级三平面滤镜

在某些情况下,如果选择三面映射,则不会达到良好的 UV 贴图效果,UV 的边界依然很明显。Tri-Planar Advanced(高级三面)滤镜效果可以进行详细设置,能够解决明显的问题。该滤镜效果的属性如图 12-10 所示。

由于此滤镜效果使用 World Space Normal(世界空间法线)贴图和"位置"贴图,因此,如果未在"纹理集设置"面板中设置或者烘焙这些贴图,则将无法使用它们。

每个属性的含义如下:

- 映射:选择方向以根据 UV 贴图投影纹理。
- 混合模式:指边界处的混合模式。
- 混合对比度:UV 岛之间的对比度。值越小,边界处纹理图案的差异越小。
- 纹理平铺:平铺纹理时的缩小比例。
- 旋转:要投影的纹理的旋转值。
- 位移:要投影的纹理的位移值(通过移动纹理图案,可以使边界处的差异不明显)。

使用高级三面滤镜时,不要在材质的 UV 贴图属

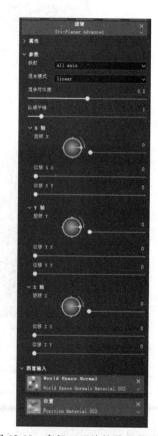

图 12-10　高级三面滤镜效果的属性

性中设置三面映射,否则将应用双重三面映射,纹理的图案将受到干扰。

1. 烘焙照明滤镜

烘焙照明(Baked Lighting)滤镜将在环境光下烘焙贴图。应用烘焙照明效果前后的对比如图 12-11 所示。

图 12-11　应用烘焙照明滤镜效果前后的对比

2. 模糊滤镜

模糊(Blur)滤镜使图层的图案变模糊,如图 12-12 所示。

图 12-12　模糊滤镜效果

3. 锤纹滤镜

锤纹(Hammer)滤镜模拟用锤子敲打金属表面时产生的效果,如图 12-13 所示。

要制作锤纹效果的金属材质,可以从展架的"Filters 滤镜"类别中选择锤纹滤镜之一,将其拖放到"图层"面板,可以放置在任何地方(如果用文件夹对材质进行管理,则将其放置在相应的文件夹中)。放置锤纹滤镜的位置会自动创建一个新层。

4. 变换滤镜

变换(Tramsform)滤镜可以移动或旋转图层的图案。当在图层中添加了程序文本时,可以用它调整其位置和方向。

5. 弯曲滤镜

弯曲(Warp)滤镜所施加的图层的图案将受到干扰,如图 12-14 所示。

6. MatFx 细节边缘磨损滤镜

MatFx 细节边缘磨损(MatFx Detail Edge Wear)滤镜为由高度贴图或法线贴图创建的凹凸增加边缘磨损效果。例如,在物体上添加了用法线绘制的凹凸。将滤镜添加到图层中,然后选择 MatFx Detail Edge Wear 滤镜,如图 12-15 所示。

在 MatFx Detail Edge Wear 滤镜属性中,"输入模式"选择 normal,如图 12-16 所示。

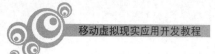

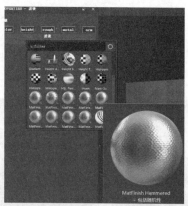

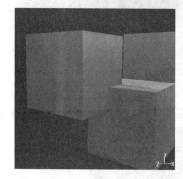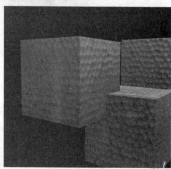

图 12-13　锤纹滤镜及其应用前后的对比

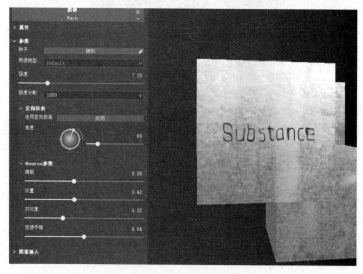

图 12-14　弯曲滤镜效果

该滤镜将添加边缘磨损效果。该滤镜对于创建机械对象的纹理非常有用。该滤镜的其他属性包括磨损形状、颜色、粗糙度等。

7. MatFx HBAO 滤镜

MatFx HBAO 滤镜在引用法线贴图和高度贴图信息时会产生环境光遮挡效果，如图 12-17 所示。要使用此滤镜，首先需要添加环境光遮挡通道。将此滤镜添加到凹凸层，

图 12-15　选择 MatFx Detail Edge Wear 滤镜

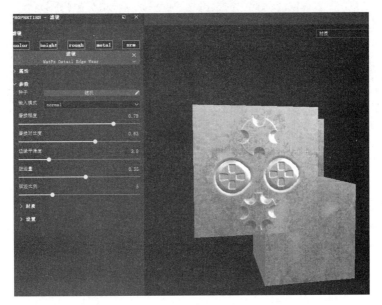

图 12-16　MatFx Detail Edge Wear 滤镜属性

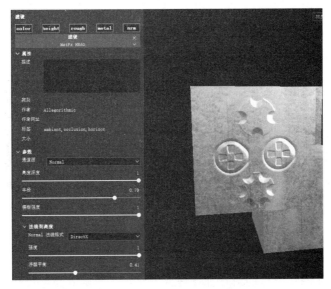

图 12-17　MatFx HBAO 滤镜效果

然后在"通道源"下拉列表框中选择创建凹凸的源。其他属性用于调整环境光遮挡面积和强度。

8. MatFx 切断线

MatFx 切断线（MatFx Shut Line）滤镜将绘制内容更改为凹槽，如图 12-18 所示。

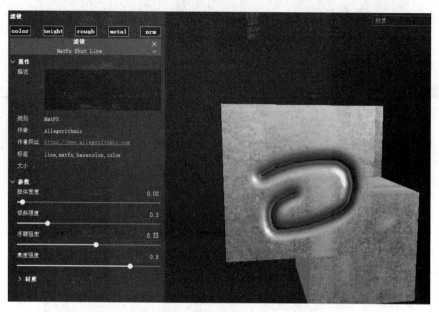

图 12-18　MatFx 切断线滤镜效果

12.3　在遮罩上使用效果

效果同样可用于遮罩。假设以一种皮革材质作为基础材质，在其上层有一个深色的填充图层并为其设置了黑色遮罩，如图 12-19 所示。

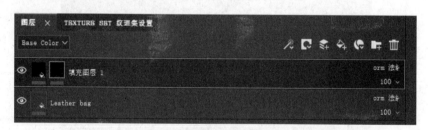

图 12-19　材质示例

选择黑色遮罩，为效果添加生成器。单击"生成器"按钮（此时按钮上显示"无生成器可供选择"），如图 12-20 所示。

应用 MG Dirt 滤镜前后的对比如图 12-21 所示。图层的颜色仅在生成器创建的遮罩中显示。

图 12-20 添加生成器 　　　　　图 12-21 应用 MG Dirt 滤镜前后的对比

12.4 纹理导出

可以从 Substance Painter 中导出纹理以便在 Unity 中使用。如果只渲染静态图像作品，则最好使用 Substance Painter 中的 Iray 进行渲染。

在从 Substance Painter 导出纹理之前，应该将 Unity 所需的纹理注册为预设纹理。可以使用 Substance Painter 中的预设纹理，但是由于 Substance Painter 将某些预设纹理设置为输出 DirectX 的法线贴图，因此要注意法线贴图的方向在 OpenGL 和 DirectX 中是相反的。

预设纹理注册过程如下：

（1）在"文件"菜单中选择"导出纹理"命令或者按快捷键 Ctrl＋Shift＋E，将显示 Export textures（导出纹理）对话框，如图 12-22 所示。

图 12-22 Export textures 对话框

（2）单击对话框顶部的 OUTPUT TEMPLATES 选项卡，然后在左侧的"预设"下选择 Unity Universal Render Pipeline(Metallic Standard)，单击"预设"右侧的  按钮以创建预设的副本。该副本将添加到"预设"列表的底部。双击它并重命名为 Unity2019，如图 12-23 所示。

Unity 默认材质的配置如下：

- Albedo 对应 Substance Painter 的输出贴图中的 AlbedoTransparency 项目。
- Metallic 对应 Substance Painter 的输出贴图中的 MetallicSmoothness 项目。
- Normal Map 对应 Substance Painter 的输出贴图中的 Normal 项目。
- Emission 项目下的 Color 对应 Substance Painter 的输出贴图中的 Emission 项目。

Unity 默认材质如图 12-24 所示。

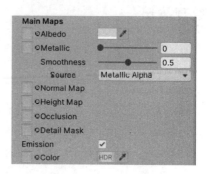

图 12-23 重命名为 Unity2019

图 12-24 Unity 默认材质

需要增加两个输出通道，分别为 Height Map 和 Occlusion，分别对应 Substance Painter 的输入贴图的 Displacement 和模型贴图的 Ambient Occlusion。在"输出贴图"部分，单击"创建："右边的 Gray 按钮，如图 12-25 所示。

在 $ 符号前的文本框内输入 $mesh_ $textureSet_Height，并把输入贴图的 Dsiplacement 拖放到 Gr 图标处，在弹出菜单中选择 Gray Channel 命令，如图 12-26 所示。

图 12-25 单击 Gray 按钮

图 12-26 选择 Gray Channel 命令

输出贴图的对应项会变成如图 12-27 所示。

图 12-27 输出贴图的对应项

Substance Painter 的命名规则如下：

- 基本色贴图：彩色通道，后缀为_BaseColor。
- 金属贴图：灰色通道，后缀为_Metallic。
- 粗糙度贴图：灰色通道，后缀为_Rough。
- 法线贴图：RGB 通道，后缀为_Normal。
- 高度贴图：灰色通道，后缀为_Height。
- AO 贴图：灰色通道，后缀为_AO。

重复上述步骤，设置 Occlusion 输出通道。最终的输出贴图配置如图 12-28 所示。

图 12-28　最终的输出贴图配置

另外，创建的预设将保存在以下文件夹中（扩展名为".spexp"）：

- Windows：

C:\Users\ * **username** * \Documents\Allegorithmic\Substance Painter\shelf\export-presets。

- Mac OS

Macintosh > Users > * username * > Documents > Allegorithmic > Substance Painter> shelf > export-presets

其中，* username * 是具体的用户名。

要导出预设时，切换到 Export textures 对话框的 SETTINGS（设置）选项卡，如图 12-29 所示。

Output directory 是要导出的目标文件夹位置。Output template（输出模板）设定为刚刚配置的 Unity2019。File type（文件类型）设定为 png 格式，16 比特。"大小"依据每个纹理集的情况设定。Padding（填充）应保留为默认的 Dilation infinite（无限扩展），该项设置填充 UV 岛之间的方式，无限扩展将扩展 UV 岛边缘处的像素并拉伸，直到到达从其他 UV 岛延伸出来的像素为止。最后，单击"导出"按钮导出纹理，以备在 Unity 中使用。

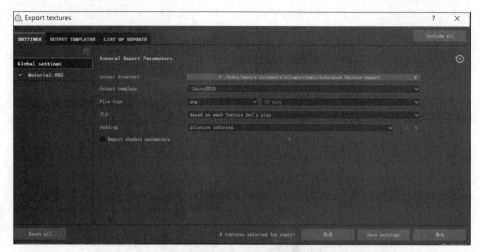

图 12-29　SETTINGS 选项卡

第 13 章　移动设备虚拟现实应用开发实例

目前主流的移动虚拟设现实设备有 HTC VIVE Focus、VIVE Focus plus、谷歌公司的 Cardboard 以及三星公司的虚拟现实设备。本书讨论的虚拟现实应用基于 HTC 的 VIVE Focus 系列,这个系列硬件都比较成熟。

13.1　开发环境的配置

目前 Focus 平台的开发工具包是 HTC 公司自己的 WaveSDK。VIVE 提供应用程序界面,运行时让开发者能够建立 VR 应用程序,在虚拟现实装置上执行,其目标是提供一个具有弹性、简洁的界面,使开发者可以专注于 VR 应用程序设计,并具有良好的虚拟现实使用体验。

目前的 WaveSDK 版本号是 3.2.0。这一版是技术上的分水岭,这是因为在 Unity 2019.3 及更新版本中引入了新的 XR 插件框架,以便在多个 XR 平台之间提供更好的集成,并简化 XR 应用的开发流程。Wave SDK 3.2.0 就是为了支持这个框架而创建的。WaveSDK 有两种类型:一是 VIVE Wave Legacy Plugin,该 SDK 适用于 Unity LTS release 2017.4.16f1 或更早版本的开发;二是 VIVE Wave XR Plugin,该 SDK 适用于 Unity XR 应用程序开发,建议使用 Unity 2019.3 或更新的版本。本书以 VIVE Wave XR Plugin 为例介绍开发环境的配置。

VIVE Wave XR Plugin 的目标平台是 Android,因此必须设定好 Unity IDE 与 Android SDK 之间的连接。首先安装 Android Studio。安装完毕后,在启动界面选择 Configure→SDK Manager 命令,确认 Android SDK 的版本和 Android SDK Tools 的版本,如图 13-1 所示。

Android SDK 的版本是 7.1.1(Nougat),如图 13-2 所示。

Android SDK Tools 的版本是 26.1.1,如图 13-3 所示。

启动 Unity 集成开发环境。本书所用的 Unity 版本是 2020.1.4f1c1。选择 File 菜单下的 Build Settings 命令,在打开的 Build Settings 对话框中单击 Switch Platform 按钮将平台切换至 Android,如图 13-4 所示。

选择 Edit 菜单下的 Preferences 命令,在弹出的 Preferences 对话框中,进入 External Tools 选项卡,设定 Android SDK 以及 JDK 的路径,如图 13-5 所示。

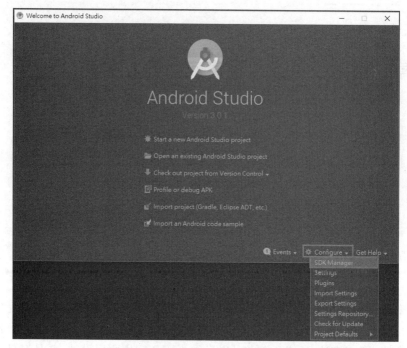

图 13-1　在启动界面选择 Configure→SDK Manager 命令

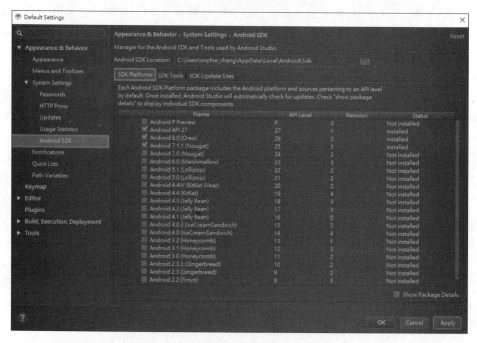

图 13-2　Android SDK 的版本是 7.1.1(Nougat)

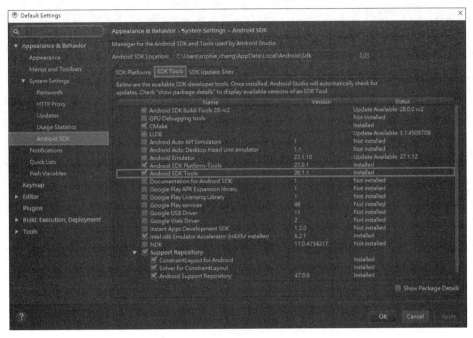

图 13-3　Android SDK Tools 的版本是 26.1.1

图 13-4　将平台切换至 Android

移动虚拟现实应用开发教程

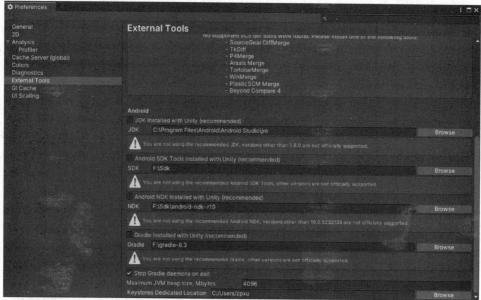

图 13-5　设定 Android SDK 以及 JDK 的路径

要安装 VIVE Wave XR Plugin 软件包,应将 VIVE 注册表添加到项目中,然后在软件包管理器中安装软件包,这样项目才能从 VIVE 中访问软件包。选择 Window 菜单中的 Package Manager→Packages:My Assets 命令,在 Package Manage 对话框右上角的搜索框内输入 vive,选择 VIVE Registry Tool,再单击 Import 按钮,如图 13-6 所示。

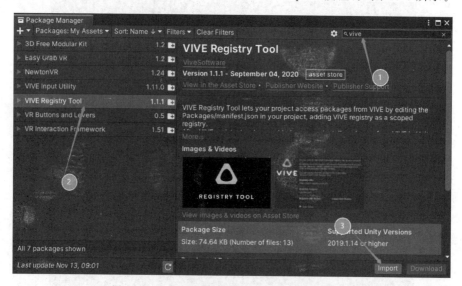

图 13-6　选择 VIVE Registry Tool 并导入该工具

此时会自动出现 Import Unity Package 对话框,如图 13-7 所示。

单击 Import 按钮,会出现 VIVE Registry Tool 对话框,如图 13-8 所示。

单击 Add 按钮添加注册网址后,Project Settings 对话框的 Package Manager 选项卡会自动打开,如图 13-9 所示。

192

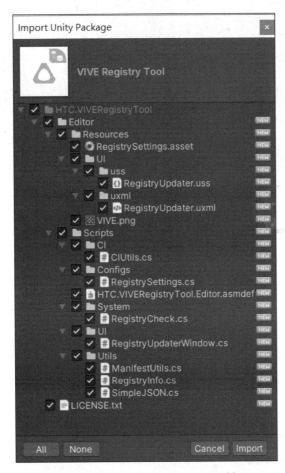

图 13-7　Import Unity Package 对话框

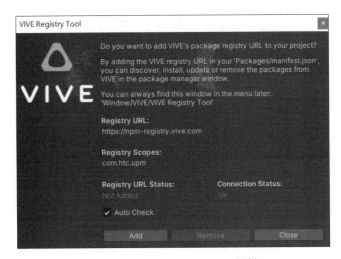

图 13-8　VIVE Registry Tool 对话框

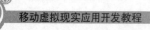

图 13-9　Project Settings 对话框的 Package Manager 选项卡

在 Advanced Settings(高级设置)下,选择 Enable Preview Packages 复选框以显示预览包,如图 13-10 所示。

图 13-10　选择 Enable Preview Packages 复选框

等待刷新包列表,然后选择 Packages:My Registries→HTC Corporation 下的 VIVE Wave XR Plugin 程序包,如图 13-11 所示。

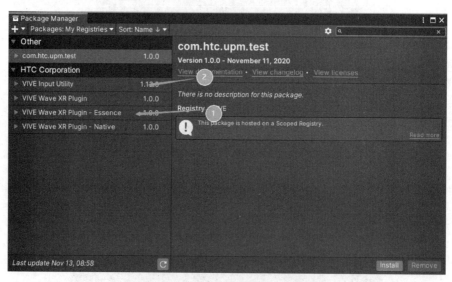

图 13-11　VIVE Wave XR Plugin 程序包

VIVE Wave XR Plugin 提供了基本的 XR 功能,遵循 Unity 建立的 XR 规范。如果在项目设计中使用 Unity API 或包,可以将 VIVE Wave XR Plugin 嵌入 VR 项目中。所

有 VIVE Wave XR Plugin 有依赖性的软件包也将被安装，例如 VIVE Wave XR Plugin Management 和 VIVE Wave XR Legacy Input Helpers。

　　一般只需导入 VIVE Wave XR Plugin-Essence，就可以立即开始开发 VIVE Wave 应用程序。VIVE Wave 的 3 个程序包的关系如图 13-12 所示。

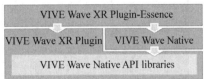

图 13-12　Wave 的 3 个程序包的关系

　　VIVE Wave XR Plugin 包将包含 VIVE Wave Native API libraries（VIVE Wave SDK 本地 API 库），它在内部使用自己的 API，而不暴露 C♯接口。如果需要直接访问 VIVE Wave SDK API，需要导入 VIVE Wave Native 包。

　　VIVE Wave XR Plugin-Essence 包将各种基于 VIVE Wave XR Plugin 和 VIVE Wave Native 包的应用 API 囊括其中。如果安装了 VIVE Wave XR Plugin-Essence，包管理器会自动安装另外两个包。

　　如果项目从其他平台迁移到 VIVE Wave，建议删除任何未使用的 VIVE Wave XR 插件，因为它们的库和资源可能会增加应用程序的大小。如果想在其他平台上进行应用构建，应该删除 VIVE Wave XR Plugin 包。

　　当构建一个需要跨平台支持的项目时，如果只使用 VIVE Wave XR Plugin，则可以轻松地迁移到其他平台。当移除 VIVE Wave XR Plugin 时，不需要担心场景中使用的组件或预制件，因为 VIVE Wave XR Plugin 不提供这些内容。但是，如果安装了其他的 Wave 包，例如 VIVE Wave XR Plugin-Essence 或 VIVE Wave Native，并且场景中使用了这些包，则必须移除那些依赖于 VIVE Wave 平台的资源和组件。

　　在安装 VIVE Wave XR Plugin-Essence 包以后，WaveXRPlayerSettingsConfigDialog 对话框会自动打开，如图 13-13 所示。

图 13-13　WaveXRPlayerSettingsConfigDialog 对话框

单击 Accept All 按钮,然后在包管理器中选择 Packages:Unity Registry,安装 XR Interaction Toolkit,如图 13-14 所示。

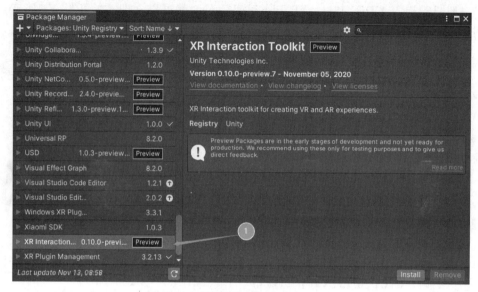

图 13-14　安装 XR Interaction Toolkit

在 XR Plug-in Management 选项卡中,确保 WaveXR 是唯一的插件提供者(plug-in provider),如图 13-15 所示。

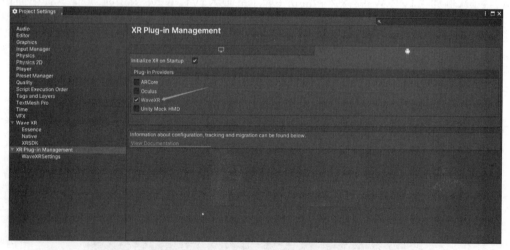

图 13-15　确保 WaveXR 是唯一的插件提供者

如果进行一般的虚拟现实应用开发,本书推荐使用 Vive Input Utility(VIU)进行跨平台开发。请使用 VIU 1.12.0 或更新的版本来支持 VIVE Wave XR Plugin。

VIU Unity 插件(在 Asset Store 和 Package Manager 中均可使用)是一个工具箱,用于创建跨平台的 VR 应用,包括 VIVE、Oculus、Windows MR 和 Unity 支持的其他平台的 PC 和 Android 设备。可以在 VIU Settings 选项卡中安装 VIVE Wave XR Plugin 并更改其设置,切换平台和设置 Android。选择 Edit 菜单下 Preference 命令,会出现

Preferences 对话框,如图 13-16 所示。

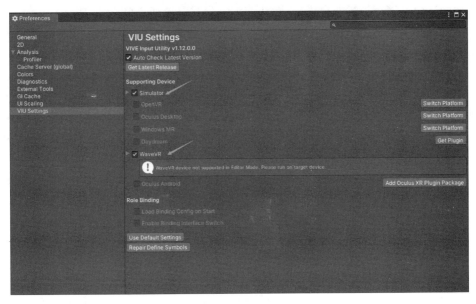

图 13-16 Preferences 对话框

选择 Simulator 和 WaveVR 两个复选框。Simulator 选项用于在 Unity 中进行模拟调试,WaveVR 是启动 VIU Unity 插件的 WaveSDK 支持。

此外,VIU 工具包还包括跨平台的 API 和预制件,用于输入控制、模型渲染、抓取交互、瞬移和射线投射,它支持标准的 Unity UI 和事件,包括一个功能齐全的跨平台模拟器。另外,在 WaveXRSettings 选项卡中可以配置各种内置功能,如图 13-17 所示。

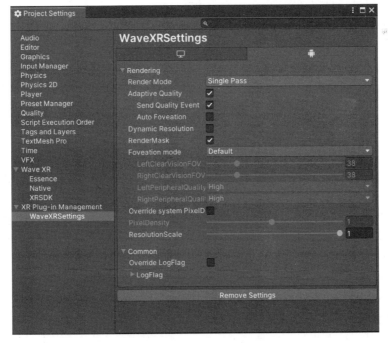

图 13-17 WaveXRSettings 选项卡

在 WaveXRSettings 选项卡中可以配置的选项如下：

（1）Render Mode（渲染模式）。默认的渲染模式是单通道（Single Pass）。

（2）Adaptive Quality（自适应质量）。默认情况下，该选项已启用，可以选择 Send Quality Event（发送质量事件）或 Auto Foveation（自动变焦）。

（3）Dynamic Resolution（动态分辨率）。要使用此功能，需要在 Adaptive Quality 下启用 Send Quality Event。如果启用了 Dynamic Resolution（动态分辨率），可以配置分辨率列表以进一步定制此功能。当启用了 Dynamic Resolution 后，它将应用于所有场景。除非需要一个与 WaveXRSettings 选项卡中不同的场景配置，否则不必在场景中的 GameObject 中手动放入 DynamicResolution 组件。

启用 Dynamic Resolution 后，可以进一步设置以下选项：

- Text Size（文本大小）。文本大小以 DMM 为单位，用于确定分辨率列表中数值的下限。

- Resolution List（分辨率列表）。列表的大小是动态分辨率可以循环浏览的级别数。每个级别是一个分辨率值。在运行时，级别将根据发送的质量事件进行调整。

- Default Index（默认指数）。分辨率列表中的初始级别。

- RenderMask（渲染遮罩）。RenderMask（Occlusion Mesh）将覆盖屏幕上对用户隐藏的区域，并减少图形输出以节省电力。默认情况下该选项启用。由于使用了 XR 插件管理，XRSettings.useOcclusionMesh 不起作用。只能在这里启用和禁用遮挡网格。

（4）Foveation mode（凹凸模式）。可以在 Default（默认）、Enable（启用）和 Disable（禁用）之间选择。如果选择 Default，将使用 Wave 的预设启用 Foveated Rendering。选择 Enable 可以进行自定义配置。

（5）Override system PixelDenisty（覆盖系统像素密度）。检查是否要覆盖默认的系统像素密度。

（6）ResolutionScale（分辨率级别）。默认的像素密度为 1，这意味着当分辨率级别为 1 时，纹理将映射到相同大小的屏幕上。如果担心性能问题，可以使用更小的像素密度。

（7）Override LogFlag（覆盖日志标志）。重写本机的日志标志。默认的日志标志是 0x11101（69889），这意味着 Basic、Lifecycle、Render 和 Input 的 log level 被设置为 1。启用该项可以自定义日志标志。可以覆盖所有日志标志（将其全部设置为 0），这样 VIVE Wave XR Plugin 原生代码就会产生很少的基本日志。如果设置为 0xFFFFF，则会有大量的日志。

（8）LogFlag（日志标志）。单击该项，会出现一排表示日志标志位的复选框，从左到右是从低位到高位。设置的位数越大，显示的日志越详细。位的复选框上的"X"表示该位被选中。

VIVE Wave XR 使用 UnityEngine.Input 来获取按钮状态，例如 Input.GetButton("Button8")。在实际开发之前，先打开 PlayerSettings 对话框中的 Input Manager 选项卡，在其中创建输入按钮列表，如表 13-1 所示。

表 13-1 输入按钮列表

Wave 控制器名称	手位	输入特性	名称	确认按钮
N/A	Left	primaryButton	Button0	joystick button 0
	Right	primaryButton	Button2	joystick button 2
Menu	Left	menuButton	Button6	joystick button 6
	Right	menuButton	Button7	joystick button 7
Touchpad Press	Left	primary2DAxisClick	Button8	joystick button 8
	Right	primary2DAxisClick	Button9	joystick button 9
Grip Press	Left	gripButton	Button11	joystick button 11
	Right	gripButton	Button12	joystick button 12
Trigger Press	Left	TriggerButton	Button14	joystick button 14
	Right	TriggerButton	Button15	joystick button 15
Touchpad Touch	Left	primary2DAxisTouch	Button16	joystick button 16
	Right	primary2DAxisTouch	Button17	joystick button 17

也可以使用本书配套资源文件中的 Input Manager 预设文件 InputManager.preset，将其放在项目的资产文件夹中。通过 Project Settings 对话框的 Input Manager 选项卡导入 InputManager.preset，如图 13-18 所示。

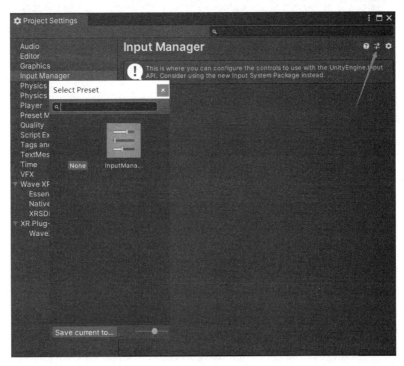

图 13-18 导入 InputManager.preset

在一些使用 VIVE Wave XR Plugin 的应用中，会通过 QualitySettings. SetQualityLevel 改变质量级别。然而，如果各质量级别的抗混叠级别（antialiasing level）不同，应用程序就会崩溃。因此，需要将所有质量级别的抗混叠级别设置为 4 倍多重采样。建议使用本书配套资源文件中的质量设定预设文件 QualitySettings.preset，将其放在项目的资产文件夹中。通过 Project Settings 对话框的 Quality 选项卡导入 QualitySettings.preset 文件，如图 13-19 所示。

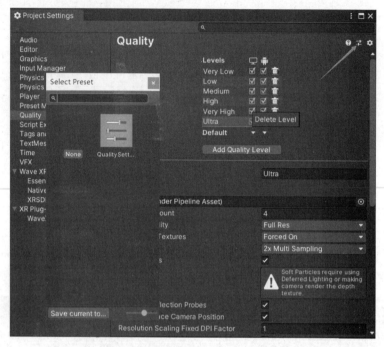

图 13-19　导入 QualitySettings.preset

VIU 能让开发者更方便地控制虚拟现实设备，同时也配备了在三维环境下能运用的鼠标指针方案，并适配 Unity Event System。通过使用这个工具，开发者可以减少编写设备管理代码的工作量。

VIU 插件给开发者提供了 C♯接口与虚拟现实设备交互，但在获得控制器输入状态或者设备姿态时会形成很多冗余代码。不论控制器是否被连接，开发者都必须不断从控制器管理器获取正确的设备索引，定位控制器管理器也需要花很多功夫。VIU 插件主要使用静态函数获取设备输入，包括按键和手柄位置。VIU 使用 ViveRaycaster 组件实现三维鼠标指针。

如果读者对于使用 Bolt 可视化技术进行虚拟现实应用开发感兴趣，可在 Asset Store（资产商店）中搜索 Bolt 并进行安装，如图 13-20 所示。Bolt 是一款专门为 Unity 设计的功能强大的可视化编程插件，能直接访问 Unity 中的方法、字段、属性、事件、脚本以及第三方插件。无论是设计师、艺术家还是程序员，都可以轻松地使用 Bolt 创建逻辑机制和交互系统。如果读者对于使用 Bolt 编程感兴趣，可以参考《Unity 可视化手机游戏设计（微课视频版）》一书。

选择 Tools 菜单安装下的 Install Bolt 命令进行 Bolt 的实际安装，如图 13-21 所示。

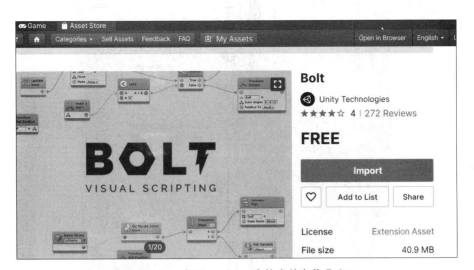

图 13-20 在 Asset Store 中搜索并安装 Bolt

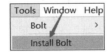

图 13-21 选择 Install Bolt 命令

在 Bolt 的 Unit Options Wizard 对话框中选择 HTC.ViveInputUtility 选项,如图 13-22 所示。

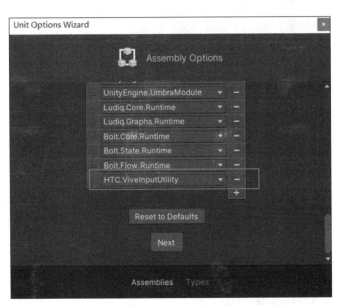

图 13-22 选择 HTC.ViveInputUtility 选项

在接下来的 Type Options 界面添加方框标示的 8 个类型,如图 13-23 所示。
最后单击 Generate 按钮,完成 Bolt 插件的安装和初始化。

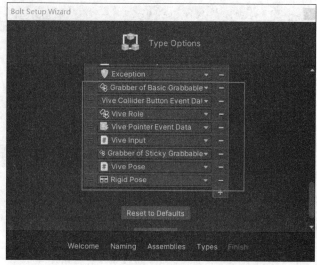

图 13-23 添加方框标示的 8 个类型

13.2 资源的导入

在 Unity 的 Project 视图中右击,在弹出的菜单中选择 Create→Folder 命令,建立名为 Model 的文件夹,如图 13-24 所示。

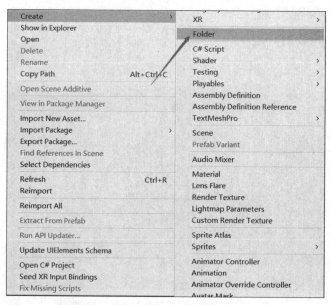

图 13-24 选择 Create→Folder 命令

将在第 8 章导出的 FBX 文件和第 7 章建立的纹理文件一并导入 Assets\Model 文件夹中,如图 13-25 所示。

单击图 13-25 中的三角按钮,可看到在 Blender 中创建的动作,如图 13-26 所示。

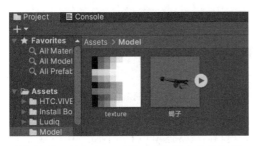 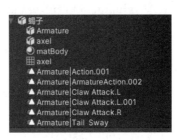

图 13-25　导入 Assets\Model 文件夹中的资源　　　　　图 13-26　动作列表

可以尝试将模型拖放至场景视图中,可以看到该模型被正确地显示出来,如图 13-27 所示。

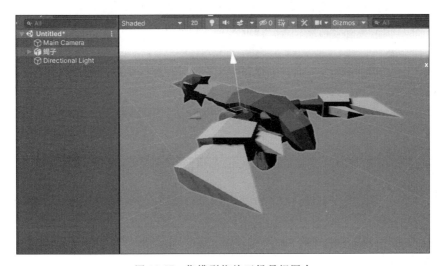

图 13-27　将模型拖放至场景视图中

13.3　获取控制器的信息

VIU 获取控制器信息的机制是通过 Unity Input 事件实现的,所以有必要在 Input 中设置很多按钮的映射,这些都是在 Unity XR Input 中提供的,完全和 Unity 兼容。VIU 通过 ViveInput 单例类检测用户的输入。

ViveInput 单例类用于获取所有手柄的状态值,该类中包含了获取这些状态值的所有 API,具体如下:

bool ViveInput.GetPress(HandRole role,ControllerButton button)

当控制器上的按钮被按的时候返回 true。

bool ViveInput.GetPressDown(HandRole role,ControllerButton button)

当控制器上的按钮被按下的时候返回 true。

bool ViveInput.GetPressUp(HandRole role,ControllerButton button)

当控制器上的按钮被放开的时候返回 true。

float ViveInput.GetTriggerValue(HandRole role)

返回扳机的原始的模拟量。

Vector2 ViveInput.GetPadAxis(HandRole role)

返回触控板上的原始模拟量。

int ViveInput.ClickCount(HandRole role，ControllerButton button)

返回按钮连续单击的次数。用 ViveInput.clickInterval 获取单击间隔时间。

float ViveInput.LastPressDownTime(HandRole role，ControllerButton button)

返回用户按下按钮的最后一帧的时间。

void ViveInput.TriggerHapticPulse(HandRole role，ushort intensity=500)

控制扳机的振动。

以下是添加和移除控制器按钮事件的监听事件控制 API：

void ViveInput.AddPress(HandRole role，ControllerButton button，Action callback)

void ViveInput.AddPressDown(HandRole role，ControllerButton button，Action callback)

void ViveInput.AddPressUp(HandRole role，ControllerButton button，Action callback)

void ViveInput.AddClick(HandRole role，ControllerButton button，Action callback)

void ViveInput.RemovePress(HandRole role，ControllerButton button，Action callback)

void ViveInput.RemovePressDown(HandRole role，ControllerButton button，Action callback)

void ViveInput.RemovePressUp(HandRole role，ControllerButton button，Action callback)

void ViveInput.RemoveClick(HandRole role，ControllerButton button，Action callback)

获取手柄的状态值的方式有两种：一是在 Update 事件函数内时刻检查手柄的按钮状态值，二是时刻检查手柄一个轴的状态值。

下面介绍获取手柄按键状态的方法。

新建场景，把 ViveCameraRig 拖入场景中，去掉场景的 MainCamera。创建 testGetHandleState 类，在该类中编写如下代码：

```
using System.Collections;
using System.Collections.Generic;
using UnityEngine;
using HTC.UnityPlugin.Vive;
public class testGetHandleState: MonoBehaviour
{
```

```
    // 每帧调用
    void Update()
    {
        if(ViveInput.GetPressDown(HandRole.RightHand,
            ControllerButton.Trigger)){
            Debug.Log("right hand trigger down");
        }
    }
}
```

　　然后把这个类挂载到场景中的一个物体上。运行场景，按下右手手柄的扳机，就可以触发打印信息的操作。

　　要获取一个扳机的状态值，可以在 testGetHandleState.cs 中的 Update 方法中添加如下代码：

```
//当手柄扳机的按下距离超过 50%时触发
if(ViveInput.GetTriggerValue(HandRole.RightHand)>0.5f){
    Debug.Log("right hand trigger down > 0.5f");
}
```

　　运行场景，按下右手手柄的扳机，正常获取状态值并触发打印操作。

　　也可以通过添加事件来关心按钮的状态值。

　　上面两种方法都需要在被触发的类中随时检查手柄的状态值，需要不停地调用函数。VIU 还提供了一种按钮事件的回调方法。创建 testHandleEvent.cs，代码如下：

```
using System.Collections;
using System.Collections.Generic;
using UnityEngine;
using HTC.UnityPlugin.Vive;
public class testHandleEvent: MonoBehaviour
{
    void Start()
    {//添加事件
        ViveInput.AddListener(HandRole.RightHand,ControllerButton.Pad,
            ButtonEventType.Press,fnp_do);
    }
    void OnDestroy()
    {//销毁事件
        ViveInput.RemoveListener(HandRole.RightHand,ControllerButton.Pad,
            ButtonEventType.Press,fnp_do);
    }
    void fnp_do(){
        Debug.Log("right hand pad press");
    }
}
```

　　将代码拖入场景中，运行代码，可以得到正确的打印信息。

有时候要获取手柄的位置信息，创建如下代码：

```
using System.Collections;
using System.Collections.Generic;
using HTC.UnityPlugin.Utility;
using HTC.UnityPlugin.Vive;
using UnityEngine;
public class testGetHandleposition: MonoBehaviour {
    void Update() {
        RigidPose t_rightHand = VivePose.GetPose(HandRole.RightHand);
        if(VivePose.IsValid(HandRole.RightHand)) {
            //手柄存在的情况下
            this.transform.position = t_rightHand.pos;
        }
    }
}
```

把这个代码挂载到场景内的游戏对象上。在运行代码后，该对象会同步获取右手手柄的位置。

使用 Bolt 插件同样可以获得控制器的信息。在场景中添加文本 UI 对象，如图 13-28 所示。本例以获得右手控制器信息为例，左手控制器同理。

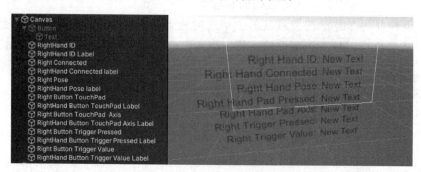

图 13-28　添加的文本 UI 对象

在 Hierarchy 视图中添加名为 GameObject 的空游戏对象，为其添加名为 FocusInput 的 Bolt 流机器组件，如图 13-29 所示。

图 13-29　添加名为 FocusInput 的 Bolt 流机器组件

同时为 GameObject 添加对象级变量。其对象级变量列表如图 13-30 所示。
获取控制器 ID 和连接状态的流图如图 13-31 所示。

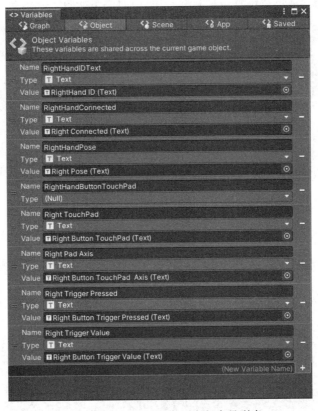

图 13-30　GameObject 的对象级变量列表

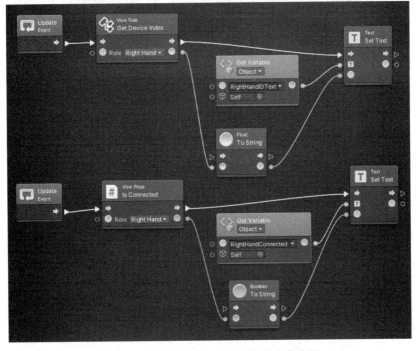

图 13-31　获取控制器 ID 和连接状态的流图

获取控制器姿态(包括位置信息和旋转信息)的流图如图 13-32 所示。

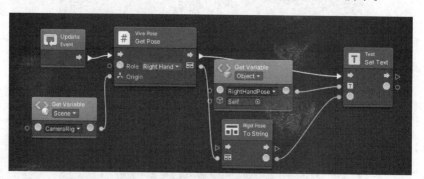

图 13-32　获取控制器姿态的流图

获取触控板是否按下以及触控板上二维输入轴的流图如图 13-33 所示。

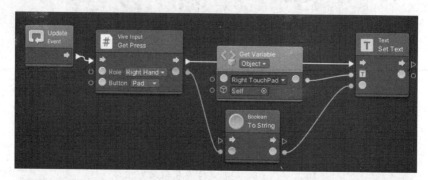

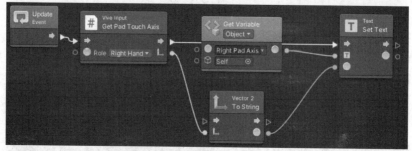

图 13-33　获取触控板是否按下以及触控板上二维输入轴的流图

获取扳机是否按下以及扳机模拟数值的流图如图 13-34 所示。

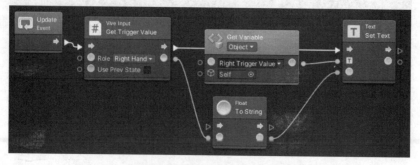

图 13-34　获取扳机是否按下以及扳机模拟数值的流图

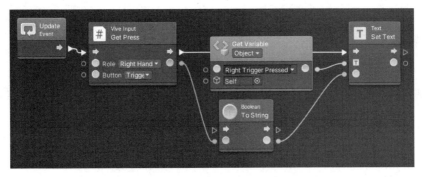

图 13-34(续)

13.4 ViveCameraRig 预制件的组成分析

在 Hierarchy 视图中，ViveCameraRig 预制件游戏对象的逻辑层次如图 13-35 所示。

从该预制件的逻辑层次可以看出其组成逻辑，该预制件由摄像机、左右手、手柄的模型以及追踪器组成。在 Camera 下面只挂载了自定义类 VRCameraHook，如图 13-36 所示。

右手挂载的是两个脚本：一个是 ViveRoleSetter.cs，用于设置这个设备的角色，是 HandRole 类型，并且是右手；另一个是 VivePoseTracker.cs，用于追踪手的位置信息。右手挂载情况如图 13-37 所示。

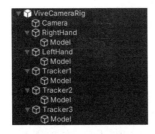

图 13-35 ViveCameraRig 预制件游戏
对象的逻辑层次

图 13-36 自定义类 VRCameraHook

图 13-37 右手挂载情况

13.5 射线

在虚拟现实环境中,通常手柄控制器会发出射线,此射线可以击中界面元素,也可以击中游戏对象。要发出射线,必须使用对应的 Raycast 方法,如表 13-2 所示。

表 13-2　Raycast 方法

Raycast 方法	对应类型
物理 Raycast 方法	碰撞器
2D 物理 Raycast 方法	2D 碰撞器
画布 Raycast 方法	所有画布中的挂载 CanvasRaycastTarget 组件的画布对象

要使用射线,首先需要把名为 VivePointers 的预制件拖入场景中,它可以发出射线。例如,要构造可以被射线击中的游戏对象,则需要为此对象创建一个类实现事件接口脚本,脚本内容如下:

```
using System.Collections;
using System.Collections.Generic;
using UnityEngine;
using UnityEngine.EventSystems;
using HTC.UnityPlugin.Vive;
public class testReceiveRayHandle: MonoBehaviour, IPointerEnterHandler,
        IPointerExitHandler, IPointerClickHandler {
    /// <summary>
    /// 接收到的射线
    /// </summary>
    private HashSet<PointerEventData> m_received =
            new HashSet<PointerEventData> ();
    public void OnPointerEnter(PointerEventData eventData) {
        if(m_received.Add(eventData) && m_received.Count == 1) {
            Debug.Log("ray received!");
        }
    }
    public void OnPointerExit(PointerEventData eventData) {
        if(m_received.Remove(eventData) && m_received.Count == 0) {
            Debug.Log("ray released!");
        }
    }
    public void OnPointerClick (PointerEventData eventData) {
        if(eventData.IsViveButton(ControllerButton.Pad)) {
            Debug.Log("ray hited and pad pressed!");
        }
```

```
    }
}
```

在场景内创建一个 Cube,确认此 Cube 拥有 Box Collider,然后把以上代码挂载到此 Cube 上,此 Cube 就有了相应射线交互的能力。

也可以用射线击中界面中的按钮。首先要创建 UI 画布(Canvas),删除同时自动创建的 EventSystem,移除 Canvas 下的 GraphicRaycaster 组件,将 CanvasRaycastTarget.cs 组件添加到 Canvas 下,如图 13-38 所示。

在 Canvas 下创建一个 UI 按钮,如图 13-39 所示。

图 13-38 将 CanvasRaycastTarget.cs
组件添加到 Canvas 下

图 13-39 UI 按钮

运行此程序,按下手柄的扳机,可以用射线按下此按钮。

13.6 拖动 UI 对象

如果需要在虚拟现实环境中拖动 UI 对象,则应该在 UI 对象的脚本中实现 IBeginDragHandler、IDragHandler 和 IEndDragHandler 这 3 个接口。

例如,在场景中需要把 Drag Image 图像组件中的内容拖放到 Drop 图像组件中,如图 13-40 所示。

需要在 Drag Image 上添加脚本对象 DragImage.cs,如图 13-41 所示。

DragImage.cs 的内容如下:

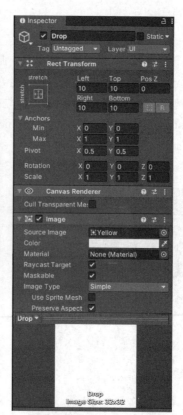

图 13-40　拖放的源和目的图像组件

图 13-41　脚本对象 DragImage.cs

```
using System.Collections.Generic;
using UnityEngine;
using UnityEngine.EventSystems;
using UnityEngine.UI;
[RequireComponent(typeof(Image))]
public class DragImage: MonoBehaviour, IBeginDragHandler, IDragHandler,
    IEndDragHandler
{
    public bool dragOnSurfaces = true;
    private Dictionary<int, GameObject> m_DraggingIcons = new Dictionary<int,
        GameObject>();
    private Dictionary<int, RectTransform> m_DraggingPlanes =
        new Dictionary<int, RectTransform>();
    public void OnBeginDrag(PointerEventData eventData)
    {
```

```
    var canvas = transform.parent == null ? null:
        transform.parent.GetComponentInParent<Canvas>();
    if(canvas == null) { return; }
    //已经单击了一个可以拖动的对象
    //需要建立一个名为 icon 的游戏对象,变量是 draggingIcon
    var draggingIcon = new GameObject("icon");
    m_DraggingIcons[eventData.pointerId] = draggingIcon;
    draggingIcon.transform.SetParent(canvas.transform, false);
    draggingIcon.transform.SetAsLastSibling();
    var draggingImage = draggingIcon.AddComponent<Image>();
    //icon 游戏对象在虚拟光标下
    //让事件系统忽略其存在
    var draggingGroup = draggingIcon.AddComponent<CanvasGroup>();
    draggingGroup.blocksRaycasts = false;
    draggingImage.sprite = GetComponent<Image>().sprite;
    var rectTransform = GetComponent<RectTransform>();
    draggingImage.SetNativeSize();
    draggingImage.rectTransform.sizeDelta = rectTransform.rect.size;
    m_DraggingPlanes[eventData.pointerId] =
        canvas.GetComponent<RectTransform>();
    SetDraggedPosition(eventData);
}
public void OnDrag(PointerEventData eventData)
{
    if(m_DraggingIcons.ContainsKey(eventData.pointerId))
    {
        SetDraggedPosition(eventData);
    }
}
private void SetDraggedPosition(PointerEventData eventData)
{
    GameObject draggingIcon;
    if(!m_DraggingIcons.TryGetValue(eventData.pointerId, out
            draggingIcon)) {
        return;
    }
    var rectTransform = draggingIcon.GetComponent<RectTransform>();
    var raycastResult = eventData.pointerCurrentRaycast;
    if(dragOnSurfaces && raycastResult.isValid &&
            raycastResult.worldNormal.sqrMagnitude >= 0.0000001f)
    {
        //当射线击中某个对象时,把拖放的图像放置在射线击中的位置
        //此射线由 GraphicRaycaster 模块运作, 所以 worldNormal 不会被赋值
        rectTransform.position = raycastResult.worldPosition+
            raycastResult.worldNormal * 0.01f;
```

```
        //增加一点距离,以防止 z-fighting 现象
        rectTransform.rotation = Quaternion.LookRotation(raycastResult.
            worldNormal, raycastResult.gameObject.transform.up);
    }
    else
    {
        RectTransform plane;
        if(dragOnSurfaces && eventData.pointerEnter != null &&
            eventData.pointerEnter.transform is RectTransform)
        {
            plane = eventData.pointerEnter.transform as RectTransform;
        }
        else
        {
            plane = m_DraggingPlanes[eventData.pointerId];
        }
        Vector3 globalMousePos;
        if(RectTransformUtility.ScreenPointToWorldPointInRectangle
                (plane, eventData.position, eventData.
                    pressEventCamera, out globalMousePos))
        {
            rectTransform.position = globalMousePos;
            rectTransform.rotation = plane.rotation;
        }
    }
}
public void OnEndDrag(PointerEventData eventData)
{
    if(m_DraggingIcons[eventData.pointerId] != null)
    {
        Destroy(m_DraggingIcons[eventData.pointerId]);
    }
    m_DraggingIcons[eventData.pointerId] = null;
}
}
```

接收拖放内容的 UI 对象挂载在 DropImage.cs 脚本对象上,其中 Container Image
是接收拖放对象的容器,Receiving Image 是真正接
收拖放内容的游戏对象,Highlight Color 是拖动对
象在此 UI 对象上经过时此 UI 对象的高亮颜色。
DropImage.cs 脚本对象如图 13-42 所示。

DropImage.cs 的内容如下:

图 13-42   DropImage.cs 脚本对象

```
using UnityEngine;
using UnityEngine.EventSystems;
```

```
using UnityEngine.UI;
public class DropImage: MonoBehaviour, IDropHandler,
        IPointerEnterHandler, IPointerExitHandler
{
    public Image containerImage;
    public Image receivingImage;
    private Color normalColor;
    public Color highlightColor = Color.yellow;
    public void OnEnable()
    {
        if(containerImage != null)
            normalColor = containerImage.color;
    }
    public void OnDrop(PointerEventData data)
    {
        containerImage.color = normalColor;
        if(receivingImage == null)
            return;
        Sprite dropSprite = GetDropSprite(data);
        if(dropSprite != null)
            receivingImage.overrideSprite = dropSprite;
    }
    public void OnPointerEnter(PointerEventData data)
    {
        if(containerImage == null)
            return;
        Sprite dropSprite = GetDropSprite(data);
        if(dropSprite != null)
            containerImage.color = highlightColor;
    }
    public void OnPointerExit(PointerEventData data)
    {
        if(containerImage == null)
            return;
        containerImage.color = normalColor;
    }
    private Sprite GetDropSprite(PointerEventData data)
    {
        var originalObj = data.pointerDrag;
        if(originalObj == null)
            return null;
        var dragMe = originalObj.GetComponent<DragImage>();
        if(dragMe == null)
            return null;
        var srcImage = originalObj.GetComponent<Image>();
```

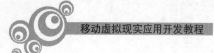

```
        if(srcImage == null)
            return null;
        return srcImage.sprite;
    }
}
```

如果场景中含有网格渲染组件的游戏对象也想获得拖放的 UI 对象的数据，例如想获得拖放的图像组件的颜色，并将获得的颜色作为该对象的材质颜色，则可以在含有网格渲染组件的游戏对象上挂载 DropObject.cs 脚本对象，如图 13-43 所示。

图 13-43　DropObject.cs 脚本对象

DropObject.cs 的内容如下：

```
using UnityEngine;
using UnityEngine.EventSystems;
using UnityEngine.UI;
public class DropObject: MonoBehaviour, IDropHandler, IPointerEnterHandler,
        IPointerExitHandler
{
    public MeshRenderer receivingRenderer;
    public Color highlightColor = Color.yellow;
    private Material rendererMat;
    private Color normalColor;
    private Texture droppedTexture;
    public void OnEnable()
    {
        if(receivingRenderer != null)
        {
            rendererMat = receivingRenderer.material;
            normalColor = rendererMat.color;
            receivingRenderer.sharedMaterial = rendererMat;
        }
    }
    public void OnDrop(PointerEventData data)
    {
        if(rendererMat != null)
        {
            rendererMat.color = normalColor;
            var dropSprite = GetDropSprite(data);
            if(dropSprite != null)
            {
                rendererMat.mainTexture = droppedTexture = dropSprite.texture;
```

```
            }
        }
    }
    public void OnPointerEnter(PointerEventData data)
    {
        if(rendererMat != null)
        {
            var dropSprite = GetDropSprite(data);
            if(dropSprite != null)
            {
                rendererMat.color = highlightColor;
                rendererMat.mainTexture = null;
            }
        }
    }
    public void OnPointerExit(PointerEventData data)
    {
        if(rendererMat != null)
        {
            rendererMat.color = normalColor;
            rendererMat.mainTexture = droppedTexture;
        }
    }
    private Sprite GetDropSprite(PointerEventData data)
    {
        var originalObj = data.pointerDrag;
        if(originalObj == null) { return null; }
        var dragMe = originalObj.GetComponent<DragImage>();
        if (dragMe == null) { return null; }
        var srcImage = originalObj.GetComponent<Image>();
        if (srcImage == null) { return null; }
        return srcImage.sprite;
    }
}
```

如果要进行可视化编程，可以在要拖放的目标 UI 对象下添加名为 DragImage 的流
机器组件，如图 13-44 所示。

图 13-44 添加名为 DragImage 的流机器组件

DragImage 的 Start 事件的处理流图如图 13-45 所示。

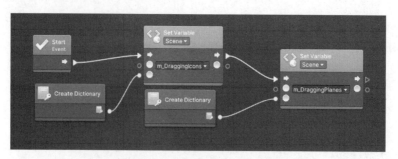

图 13-45　DragImage 的 Start 事件的处理流图

DragImage 的 OnBeginDrag 事件的处理流图如图 13-46 所示。

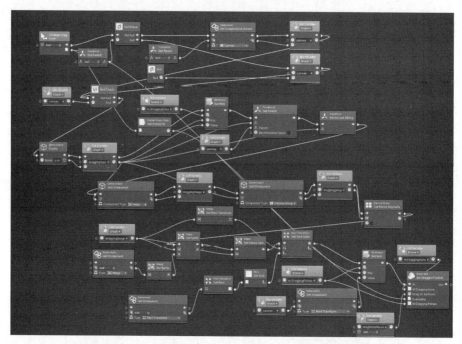

图 13-46　DragImage 的 OnBeginDrag 事件的处理流图

DragImage 的 OnDrag 事件的处理流图如图 13-47 所示。

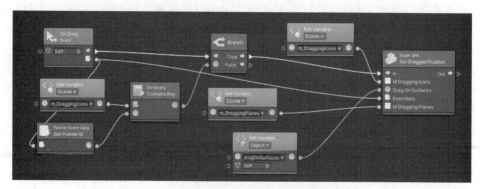

图 13-47　DragImage 的 OnDrag 事件的处理流图

DragImage 的 OnEndDrag 事件的处理流图如图 13-48 所示。

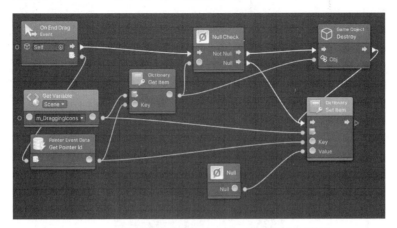

图 13-48　DragImage 的 OnEndDrag 事件的处理流图

超级单元 SetDraggedPosition 的流图如图 13-49 所示。

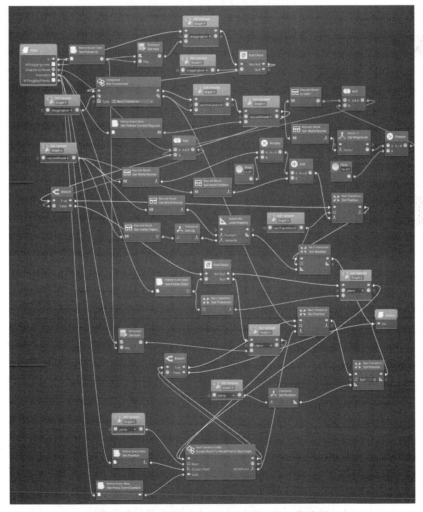

图 13-49　超级单元 SetDraggedPosition 的流图

超级单元 SetDraggedPosition 的输入单元的参数如图 13-50 所示。

图 13-50　超级单元 SetDraggedPosition 的输入单元的参数

在接收拖放的 UI 对象的对象上添加名为 DropImage 的 Bolt 流机器组件，如图 13-51 所示。

图 13-51　添加名为 DropImage 的 Bolt 流机器组件

DropImage 的 OnEnable 事件的处理流图如图 13-52 所示。

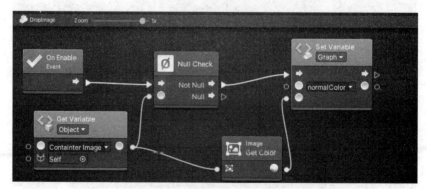

图 13-52　DropImage 的 OnEnable 事件的处理流图

DropImage 的 OnDrop 事件的处理流图如图 13-53 所示。

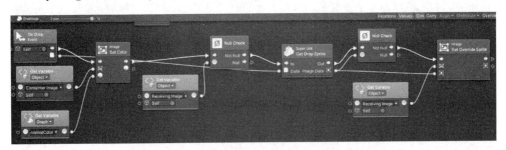

图 13-53　DropImage 的 OnDrop 事件的处理流图

DropImage 的 OnPointerEnter 事件的处理流图如图 13-54 所示。

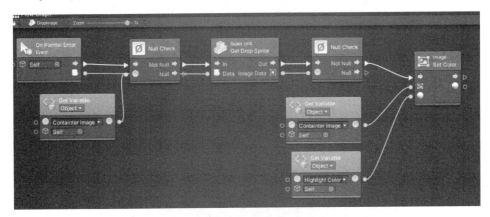

图 13-54　DropImage 的 OnPointerEnter 事件的处理流图

DropImage 的 OnPointerExit 事件的处理流图如图 13-55 所示。

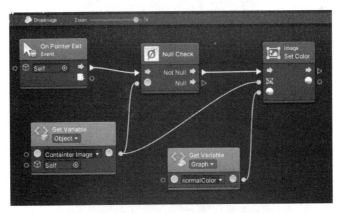

图 13-55　DropImage 的 OnPointerExit 事件的处理流图

超级单元 GetDropSprite 的流图如图 13-56 所示。

超级单元 GetDropSprite 的输入和输出单元的参数如图 13-57 所示。

在要接收拖放的 UI 对象的含有网格渲染组件的游戏对象上添加名为 DropObject 的 Bolt 流机器组件，如图 13-58 所示。

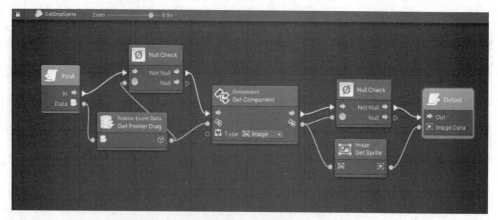

图 13-56　超级单元 GetDropSprite 的流图

图 13-57　超级单元 GetDropSprite 的输入和输出单元的参数

图 13-58　添加名为 DropObject 的 Bolt 流机器组件

同时设置 DropObject 的对象级变量。其对象级变量列表如图 13-59 所示。

DropObject 的 OnEnable 事件的处理流图如图 13-60 所示。

DropObject 的 OnDrop 事件的处理流图如图 13-61 所示。

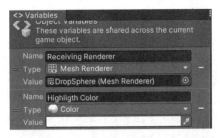

图 13-59　DropObject 的对象级变量列表

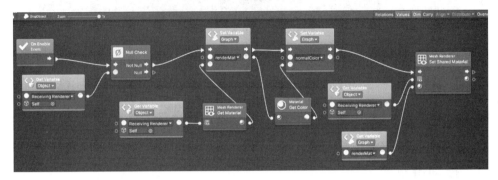

图 13-60　DropObject 的 OnEnable 事件的处理流图

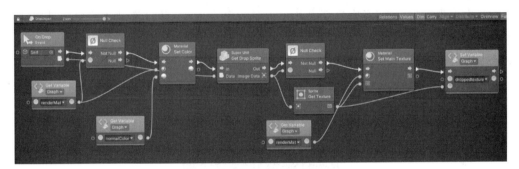

图 13-61　DropObject 的 OnDrop 事件的处理流图

DropObject 的 OnPointerEnter 事件的处理流图如图 13-62 所示。

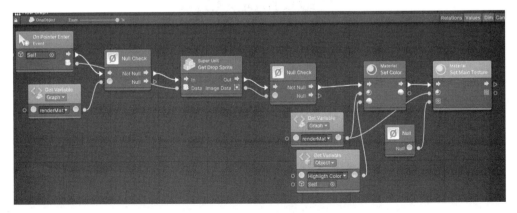

图 13-62　DropObject 的 OnPointerEnter 事件的处理流图

DropObject 的 OnPointerExit 事件的处理流图如图 13-63 所示。

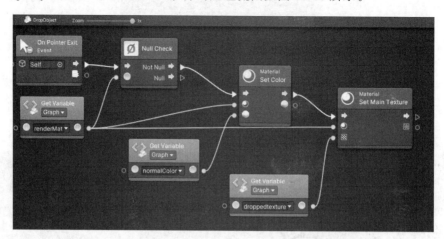

图 13-63　DropObject 的 OnPointerExit 事件的处理流图

13.7　拖动游戏对象

在虚拟现实应用中,经常需要利用射线选中某个对象,并且拖动该对象。具体实现方法是在游戏对象上添加 Draggable.cs 脚本组件,如图 13-64 所示。使用该组件的前提是该游戏对象需要存在 Rigidbody 和 Collider 组件。

图 13-64　Draggable.cs 脚本组件

Draggable.cs 的内容如下:

```csharp
using HTC.UnityPlugin.Utility;
using HTC.UnityPlugin.Vive;
using System;
using UnityEngine;
using UnityEngine.Events;
using UnityEngine.EventSystems;
using UnityEngine.Serialization;
using GrabberPool = HTC.UnityPlugin.Utility.ObjectPool<Draggable.Grabber>;
//用内置的 EventSystem 处理程序演示拖动物体的过程
public class Draggable: GrabbableBase<Draggable.Grabber>,
        IInitializePotentialDragHandler, IBeginDragHandler,
        IDragHandler, IEndDragHandler
{
    [Serializable]
    public class UnityEventDraggable: UnityEvent<Draggable> { }
    public class Grabber: IGrabber
    {
        private static GrabberPool m_pool;
        public static Grabber Get(PointerEventData eventData)
        {
            if(m_pool == null)
            {
                m_pool = new GrabberPool(() => new Grabber());
            }
            var grabber = m_pool.Get();
            grabber.eventData = eventData;
            return grabber;
        }
        public static void Release(Grabber grabber)
        {
            grabber.eventData = null;
            m_pool.Release(grabber);
        }
        public PointerEventData eventData { get; private set; }
        public RigidPose grabberOrigin
        {
            get
            {
                var cam = eventData.pointerPressRaycast.module.eventCamera;
                var ray = cam.ScreenPointToRay(eventData.position);
                return new RigidPose(ray.origin, Quaternion.LookRotation
                    (ray.direction, cam.transform.up));
            }
        }
        public RigidPose grabOffset { get { return grabber2hit * hit2pivot; } }
```

```
                    set { } }
            public RigidPose grabber2hit { get; set; }
            public RigidPose hit2pivot { get; set; }
            public float hitDistance
            {
                get { return grabber2hit.pos.z; }
                set
                {
                    var p = grabber2hit;
                    p.pos.z = value;
                    grabber2hit = p;
                }
            }
        }
    private IndexedTable<PointerEventData, Grabber> m_eventGrabberSet;
    [FormerlySerializedAs("initGrabDistance")]
    [SerializeField]
    private float m_initGrabDistance = 0.5f;
    [Range(MIN_FOLLOWING_DURATION, MAX_FOLLOWING_DURATION)]
    [FormerlySerializedAs("followingDuration")]
    [SerializeField]
    private float m_followingDuration = DEFAULT_FOLLOWING_DURATION;
    [FormerlySerializedAs("overrideMaxAngularVelocity")]
    [SerializeField]
    private bool m_overrideMaxAngularVelocity = true;
    [FormerlySerializedAs("unblockableGrab")]
    [SerializeField]
    private bool m_unblockableGrab = true;
    [FormerlySerializedAs("afterGrabbed")]
    [SerializeField]
    private UnityEventDraggable m_afterGrabbed = new UnityEventDraggable();
    [FormerlySerializedAs("beforeRelease")]
    [SerializeField]
    private UnityEventDraggable m_beforeRelease = new UnityEventDraggable();
    [FormerlySerializedAs("onDrop")]
    [SerializeField]
    private UnityEventDraggable m_onDrop = new UnityEventDraggable();
    [SerializeField]
    [FormerlySerializedAs("m_scrollDelta")]
    private float m_scrollingSpeed = 0.01f;
    public bool isDragged { get { return isGrabbed; } }
    public PointerEventData draggedEvent {
        get { return isGrabbed ? currentGrabber.eventData : null; }
    }
    public float initGrabDistance {
```

```
        get { return m_initGrabDistance; }
        set { m_initGrabDistance = value; }
    }
    public override float followingDuration {
        get { return m_followingDuration; }
        set { m_followingDuration = Mathf.Clamp(value, MIN_FOLLOWING_DURATION,
            MAX_FOLLOWING_DURATION); }
    }
    public override bool overrideMaxAngularVelocity {
        get { return m_overrideMaxAngularVelocity; }
        set { m_overrideMaxAngularVelocity = value; }
    }
    public bool unblockableGrab {
        get { return m_unblockableGrab; }
        set { m_unblockableGrab = value; }
    }
    public UnityEventDraggable afterGrabbed { get { return  m_afterGrabbed; } }
    public UnityEventDraggable beforeRelease { get { return  m_beforeRelease; } }
    public UnityEventDraggable onDrop { get { return m_onDrop; } }
    private bool moveByVelocity {
        get { return !unblockableGrab && grabRigidbody != null && !
            grabRigidbody.isKinematic; }
    }
    [Obsolete("Use grabRigidbody instead")]
    public Rigidbody rigid {
        get { return grabRigidbody; }
        set { grabRigidbody = value; }
    }
    public float scrollingSpeed {
        get { return m_scrollingSpeed; }
        set { m_scrollingSpeed = value; }
    }
    protected override void Awake()
    {
        base.Awake();
        afterGrabberGrabbed += () => m_afterGrabbed.Invoke(this);
        beforeGrabberReleased += () => m_beforeRelease.Invoke(this);
        onGrabberDrop += () => m_onDrop.Invoke(this);
    }
    protected virtual void OnDisable()
    {
        ClearGrabbers(true);
        ClearEventGrabberSet();
    }
    private void ClearEventGrabberSet()
```

```
    {
        if(m_eventGrabberSet == null) { return; }

        for(int i = m_eventGrabberSet.Count - 1; i >= 0; --i)
        {
            Grabber.Release(m_eventGrabberSet.GetValueByIndex(i));
        }
        m_eventGrabberSet.Clear();
    }
    public virtual void OnInitializePotentialDrag(PointerEventData
        eventData)
    {
        eventData.useDragThreshold = false;
    }
    public virtual void OnBeginDrag(PointerEventData eventData)
    {
        var hitDistance = 0f;
        switch (eventData.button)
        {
            case PointerEventData.InputButton.Middle:
            case PointerEventData.InputButton.Right:
                hitDistance = Mathf.Min(eventData.pointerPressRaycast
                            .distance,m_initGrabDistance);
                break;
            case PointerEventData.InputButton.Left:
                hitDistance = eventData.pointerPressRaycast.distance;
                break;
            default:
                return;
        }
        var grabber = Grabber.Get(eventData);
        grabber.grabber2hit = new RigidPose(new Vector3(0f, 0f, hitDistance),
                            Quaternion.identity);
        grabber.hit2pivot = RigidPose.FromToPose(grabber.grabberOrigin *
                            grabber.grabber2hit, new RigidPose(transform));
        if(m_eventGrabberSet == null) {
            m_eventGrabberSet = new IndexedTable<PointerEventData, Grabber>();
        }
        m_eventGrabberSet.Add(eventData, grabber);
        AddGrabber(grabber);
    }
    protected virtual void FixedUpdate()
    {
        if(isGrabbed && moveByVelocity)
        {
```

```
            OnGrabRigidbody();
        }
    }
    protected virtual void Update()
    {
        if(!isGrabbed) { return; }
        if(!moveByVelocity)
        {
            RecordLatestPosesForDrop(Time.time, 0.05f);
            OnGrabTransform();
        }
        var scrollDelta = currentGrabber.eventData.scrollDelta * m_scrollingSpeed;
        if(scrollDelta != Vector2.zero)
        {
            currentGrabber.hitDistance =
                Mathf.Max(0f, currentGrabber.hitDistance+scrollDelta.y);
        }
    }
    public virtual void OnDrag(PointerEventData eventData) { }
    public virtual void OnEndDrag(PointerEventData eventData)
    {
        if(m_eventGrabberSet == null) { return; }
        Grabber grabber;
        if(!m_eventGrabberSet.TryGetValue(eventData, out grabber)) { return; }
        RemoveGrabber(grabber);
        m_eventGrabberSet.Remove(eventData);
        Grabber.Release(grabber);
    }
}
```

运行时,可以用控制器发出的射线选择物体,也可以按下扳机确认选择并拖动物体。拖动物体时,还可以在触控板上上下滑动,将物体拉近或者推远。如果不想选择物体,则可以松开扳机。

13.8 瞬移

在虚拟现实环境中进行移动时经常采用瞬移(teleport)技术。这种技术表现为:从控制器射出一条曲线或者直线,这条线和地面相交会产生一个交点,再按下或者释放控制器的某个按钮,就能把对象瞬移到该交点。

要在场景中使用此功能,需要在 Hierarchy 视图中放置空的游戏对象 VROrigin,并在其下放置空的游戏子对象 DeviceHeight,如图 13-65 所示。然后在该子对象下放置 ViveCameraRig 和 ViveCurvePointers 两个预制件。

在 DeviceHeight 游戏对象下添加 CustomDeviceHeight.cs 脚本组件,并设定 Height

为 1.3,表示 VR 主显示设备离地面 1.3m,如图 13-66 所示。

图 13-65 游戏对象 VROrigin 的层次结构   图 13-66 添加 CustomDeviceHeight.cs 脚本组件

在希望瞬移的对象上添加 Teleportable.cs 脚本组件,如图 13-67 所示。设定 Pivot 为 ViveCameraRig 下的 Camera 游戏对象,设定 Target 为 VROrigin 游戏对象。触发瞬移方式为 Button Up(松开按钮)。

ViveCurvePointers 游戏对象的 VIVE Input Virtual Button 组件内的输入按钮默认是触控板,如图 13-68 所示。

图 13-67 添加 Teleportable.cs 脚本组件   图 13-68 VIVE Input Virtual Button
                                                组件内的输入按钮

如果要在 RawImage UI 对象上实现瞬移功能,首先应在其父游戏对象 Canvas 上添加 CanvasRaycastTarget.cs 脚本对象,让其可以接收 Raycast 事件,如图 13-69 所示。

接着提供一个带 Alpha 透明通道的 PNG 图像，黑色区域代表透明区域，如图 13-70 所示。

图 13-69　添加 CanvasRaycastTarget.cs 脚本对象　　图 13-70　带 Alpha 透明通道的 PNG 图像

将该图像导入 Unity，导入时要在 Advanced 栏目下开启 Read/Write Enabled 选项，如图 13-71 所示。

图 13-71　开启 Read/Write Enabled 选项

同时在 RawImage UI 对象下添加 ImageAlphaRaycastFilter.cs 脚本组件，如图 13-72 所示。

图 13-72　添加 ImageAlphaRaycastFilter.cs 脚本组件

ImageAlphaRaycastFilter.cs 脚本内容如下：

```
using System;
using UnityEngine;
using UnityEngine.EventSystems;
using UnityEngine.UI;
[RequireComponent(typeof(RawImage))]
```

```
public class ImageAlphaRaycastFilter: UIBehaviour, ICanvasRaycastFilter
{
    [NonSerialized]
    private RawImage m_rawImage;
    public float alphaHitTestMinimumThreshold;
    protected RawImage rawImage
    {
        get { return m_rawImage ? ? (m_rawImage = GetComponent<RawImage>()); }
    }
    public virtual bool IsRaycastLocationValid(Vector2 screenPoint, Camera
        eventCamera)
    {
        if(alphaHitTestMinimumThreshold <= 0) { return true; }
        if(alphaHitTestMinimumThreshold > 1) { return false; }
        var texture = rawImage.mainTexture as Texture2D;
        Vector2 local;
        if(!RectTransformUtility.ScreenPointToLocalPointInRectangle(
                rawImage.rectTransform, screenPoint, eventCamera, out local))
        {
            return false;
        }
        var rect = rawImage.GetPixelAdjustedRect();
        //转换为以左下角为参考点
        local.x += rawImage.rectTransform.pivot.x * rect.width;
        local.y += rawImage.rectTransform.pivot.y * rect.height;
        //归一化
        local = new Vector2(local.x / rect.width, local.y / rect.height);
        try
        {
            return texture.GetPixelBilinear(local.x, local.y).a >=
                    alphaHitTestMinimumThreshold;
        }
        catch (UnityException e)
        {
            Debug.LogError ("Using alphaHitTestMinimumThreshold greater than 0
                    on Graphic whose sprite texture cannot be read. "+e.
                    Message+" Also make sure to disable sprite packing
                    for this sprite.", this);
            return true;
        }
    }
}
```

注意 ViveCurvePointers 对象的子对象 EventRaycaster，其下的 ProjectileGenerator 组件的 Gravity 和 Velocity 参数可以调整瞬移距离，如图 13-73 所示。

图 13-73 EventRaycaster 的 ProjectileGenerator 组件

运行时,按下控制器触控板,会从控制器射出一条曲线,如图 13-74 所示。该曲线和地面相交,如果交点是黄色,则表明该区域可以瞬移;如果是红色,则表明不能瞬移。

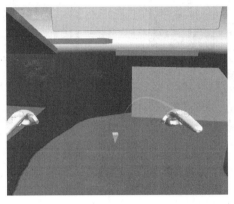

图 13-74 从控制器射出一条曲线

13.9 拾取操作

在虚拟现实环境中,拾取物体是常见的操作之一。要实现此功能,需要在 VROrigin 下添加 ViveColliders 预制件,如图 13-75 所示。

拾取对象要有 Collider 和 Rigidbody 组件,并添加 VIU 提供的相应拾取脚本组件。VIU 提供了两个拾取脚本组件,分别为 BasicGrabbable 和 StickyGrabbable。

图 13-75 添加 ViveColliders 预制件

BasicGrabbable 的拾取方式为按下按钮拾取,抬起按钮释放,如图 13-76 所示。

StickyGrabbable 组件与 BasicGrabbable 组件相比多了 Toggle To Release 选项,如图 13-77 所示。StickyGrabbable 组件附着的对象在拾取时会粘连在控制器上,只有按了控制器按钮后才会取消粘连,而 BasicGrabbable 组件附着的对象只有在控制器保持按钮按下时才会粘连在控制器上;如果放开控制器按钮,则该对象马上脱离控制器。

如果需要给拾取对象添加拾取操作时的视觉反馈,可在该对象下添加 MaterialChanger.cs 脚本组件,如图 13-78 所示。该脚本组件设定了对象正常(Normal)时的材质、控制器触碰(Hovered)时的材质、控制器按钮按下(Pressed)时的材质以及拖动(Dragged)时的材质。

经过以上设定后,游戏对象就具备了被拾取的特性。

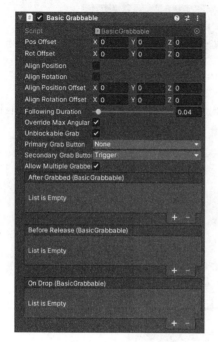

图 13-76　BasicGrabbable 组件

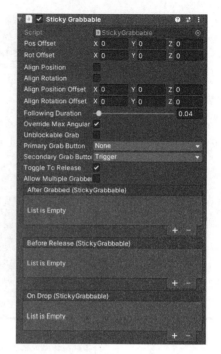

图 13-77　StickyGrabbable 组件

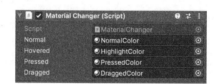

图 13-78　添加 MaterialChanger.cs 脚本组件

13.10　交互操作

在虚拟现实环境中,除了拾取游戏对象以外,还需要和游戏对象进行交互,此时 VROrigin 仍然可以保持 13.8 节的设定,而游戏对象的脚本需要响应并处理手柄碰撞物体的事件。VIU 也提供了这个功能,使用的是 Unity Event System 的一个扩展。要能够成功发送事件,手柄上必须有碰撞体(collider),被碰撞的物体也要有碰撞体。但是这种碰撞事件不是 Unity 的内置事件,必须在相应的脚本中实现如下接口:

- IColliderEventHoverEnterHandler:手柄碰撞到物体。
- IColliderEventHoverExitHandler:手柄离开物体。
- IColliderEventPressDownHandler:手柄碰撞到物体且按钮被按下。
- IColliderEventPressUpHandler:手柄碰撞到物体且按钮被松开。
- IColliderEventPressEnterHandler:手柄按下按钮后进入物体范围,或者进入物体范围后按下按钮。

- IColliderEventPressExitHandler：手柄按下按钮后离开物体，或者在物体范围内松开按钮。
- IColliderEventClickHandler：手柄在物体范围内按下按钮，然后松开。
- IColliderEventDragStartHandler：手柄碰撞到物体后按下按钮并且移动。
- IColliderEventDragFixedUpdateHandler：手柄碰撞到物体后按下按钮并且移动时在每个固定帧连续调用。
- IColliderEventDragUpdateHandler：手柄碰撞到物体后按下按钮并且移动时连续调用。
- IColliderEventDragEndHandler：手柄移动后松开按钮。
- IColliderEventAxisChangedHandler：手柄碰撞到物体后坐标值发生变化。

例如，场景中有一个控制重力的开关，该开关为了响应控制器的碰撞事件，添加了GravitySwitch.cs 脚本组件，如图 13-79 所示。

图 13-79　GravitySwitch.cs 脚本组件

GravitySwitch.cs 脚本内容如下：

```
using HTC.UnityPlugin.ColliderEvent;
using HTC.UnityPlugin.Utility;
using System.Collections;
using UnityEngine;
public class GravitySwitch: MonoBehaviour, IColliderEventHoverEnterHandler
{
    public Transform switchObject;
    public bool gravityEnabled = false;
    public Vector3 impalse = Vector3.up;
    private bool m_gravityEnabled;
    private Vector3 previousGravity;
    public void SetGravityEnabled(bool value, bool forceSet = false)
    {
        if(ChangeProp.Set(ref m_gravityEnabled, value) || forceSet)
        {
            //改变开关的外观
            switchObject.localEulerAngles = new Vector3(0f, 0f, value ? 15f : -15f);
            StopAllCoroutines();
            //改变场景中的全局重力
            if(value)
            {
                Physics.gravity = previousGravity;
            }
```

```
            else
            {
                previousGravity = Physics.gravity;
                StartCoroutine(DisableGravity());
            }
        }
        gravityEnabled = m_gravityEnabled;
    }
    private void Start()
    {
        previousGravity = Physics.gravity;
        SetGravityEnabled(gravityEnabled, true);
    }
    public void OnColliderEventHoverEnter(ColliderHoverEventData eventData)
    {
        SetGravityEnabled(!m_gravityEnabled);
    }
    private IEnumerator DisableGravity()
    {
        Physics.gravity = impalse;
        yield return new WaitForSeconds(0.3f);
        Physics.gravity = Vector3.zero;
    }
}
```

再如，场景中有一个重置所有游戏对象的开关，该开关为了响应控制器的按钮事件，添加了 ResetButton.cs 脚本组件，如图 13-80 所示。

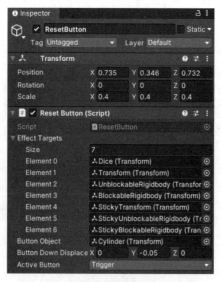

图 13-80　ResetButton.cs 脚本组件

ResetButton.cs 脚本的内容如下：

```csharp
using HTC.UnityPlugin.ColliderEvent;
using HTC.UnityPlugin.Utility;
using System.Collections.Generic;
using UnityEngine;
public class ResetButton: MonoBehaviour, IColliderEventPressEnterHandler,
        IColliderEventPressExitHandler
{
    public Transform[] effectTargets;
    public Transform buttonObject;
    public Vector3 buttonDownDisplacement;
    [SerializeField]
    private ColliderButtonEventData.InputButton m_activeButton =
            ColliderButtonEventData.InputButton.Trigger;
    private RigidPose[] storedPoses;
    private HashSet<ColliderButtonEventData> pressingEvents =
            new HashSet<ColliderButtonEventData>();
    public ColliderButtonEventData.InputButton activeButton {
        get { return m_activeButton; } set { m_activeButton = value; }
    }
    private void Start()
    {
        StorePoses();
    }
    public void OnColliderEventPressEnter(ColliderButtonEventData eventData)
    {
        if(eventData.button == m_activeButton && pressingEvents.Add(eventData)
            && pressingEvents.Count == 1)
        {
            buttonObject.localPosition += buttonDownDisplacement;
        }
    }
    public void OnColliderEventPressExit(ColliderButtonEventData eventData)
    {
        if(pressingEvents.Remove(eventData) && pressingEvents.Count == 0)
        {
            buttonObject.localPosition -= buttonDownDisplacement;
            //检查事件释放者是否仍悬停在该物体上
            foreach(var c in eventData.eventCaster.enteredColliders)
            {
                if(c.transform.IsChildOf(transform))
                {
                    DoReset();
                    return;
                }
            }
```

```
            }
        }
    }
    public void StorePoses()
    {
        if(effectTargets == null)
        {
            storedPoses = null;
            return;
        }

        if(storedPoses == null || storedPoses.Length != effectTargets.Length)
        {
            storedPoses = new RigidPose[effectTargets.Length];
        }
        for(int i = 0; i < effectTargets.Length; ++i)
        {
            storedPoses[i] = new RigidPose(effectTargets[i]);
        }
    }
    public void DoReset()
    {
        if(effectTargets == null) { return; }
        for(int i = 0; i < effectTargets.Length; ++i)
        {
            var rigid = effectTargets[i].GetComponent<Rigidbody>();
            if(rigid != null)
            {
                rigid.MovePosition(storedPoses[i].pos);
                rigid.MoveRotation(storedPoses[i].rot);
                rigid.velocity = Vector3.zero;
                //rigid.angularVelocity = Vector3.zero;
            }
            else
            {
                effectTargets[i].position = storedPoses[i].pos;
                effectTargets[i].rotation = storedPoses[i].rot;
            }
        }
    }
}
```

如果希望使用可视化编程实现物体被拾取后的交互操作，可以在物体上添加流机器组件，该组件的流图如图 13-81 所示。由于对象本身已经含有 BasicGrabbable 组件，因此只要判定对象是否被拾取，如果在对象被拾取同时右手手柄的 Grip 按钮被按下，则触发材质颜色改变为红色的行为。

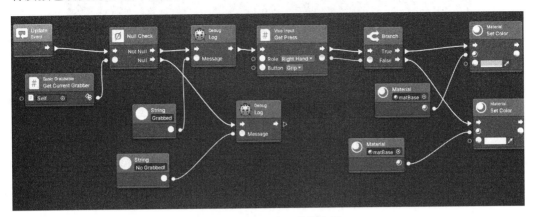

图 13-81　流机器组件的流图

可以使用可视化编程实现与虚拟现实场景中的对象的互动。例如，在场景中加入先前导入的机械蝎模型，当控制器扫过机械蝎时，机械蝎就发起攻击。要达到这样的效果，首先给机械蝎增加 Box Collider 组件，如图 13-82 所示。

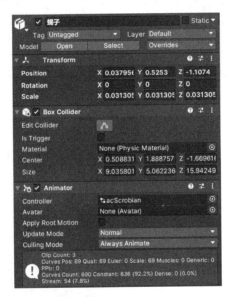

图 13-82　增加 Box Collider 组件

同时给机械蝎子对象增加名为 acScrobian 的动画控制器，其动画切换状态如图 13-83所示。

其默认状态是 Tail Sway，对应第 8 章中指定的 Tail Sway 动画，如图 13-84 所示。

双击图 13-83 中的 Tail Sway 状态，设定原始的 Tail Sway 动画为循环播放模式，如图 13-85 所示。

设定名为 Attack 的触发器作为动画参数，如图 13-86 所示。

该触发器是 Tail Sway 动画状态切换到 AttackL 的条件，如图 13-87 所示。切换到AttackL 动画后再自动切换到 AttackR 动画，接着切换到默认的 Tail Sway 状态。

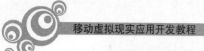

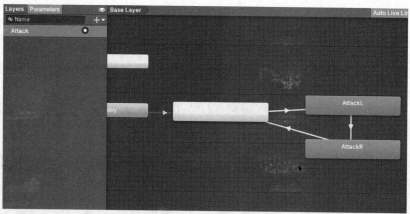

图 13-83 acScrobian 的动画切换状态

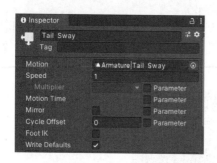

图 13-84 Tail Sway 状态

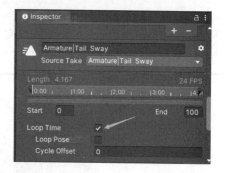

图 13-85 设定原始的 Tail Sway
动画为循环播放模式

图 13-86 Attack 触发器

图 13-87 Attack 触发器是切换
到 AttackL 的条件

为机械蝎对象添加一个名为 test2 的 Bolt 流机器，如图 13-88 所示。

再添加一个名为 CallBolt 的脚本组件，如图 13-89 所示。

图 13-88　添加 test2 流机器组件

图 13-89　CallBolt 脚本组件

CallBolt 脚本组件用来和 Bolt 沟通，并在控制器经过游戏对象时设定一个名为 hovered 的对象级布尔变量，具体技术细节请参见《Unity 可视化手机游戏设计（微课视频版）》的第 6 章，这里不再赘述。CallBolt 脚本如下：

```
using System.Collections;
using System.Collections.Generic;
using UnityEngine;
using HTC.UnityPlugin.Utility;
using HTC.UnityPlugin.ColliderEvent;
using Bolt;
using Ludiq;
public class CallBolt: MonoBehaviour, IColliderEventHoverEnterHandler,
        IColliderEventHoverExitHandler
{
    public FlowMachine flowMachine;
    //在第一帧更新之前调用 start
    void Start()
    {
        var graphReference = GraphReference.New(flowMachine, true);
        Variables.Graph(graphReference);
        Variables.Object(this).Set("hovered", false);
    }
    public void OnColliderEventHoverEnter(ColliderHoverEventData eventData)
    {
        Variables.Object(this).Set("hovered", true);
    }
    public void OnColliderEventHoverExit(ColliderHoverEventData eventData)
    {
    }
}
```

同时设定流机器组件的内容，如图 13-90 所示。

运行程序。当控制器经过机械蝎时，机械蝎会做出攻击的动作。在控制器没有触碰到机械蝎的时候，机械蝎持续做出摆尾的动作。

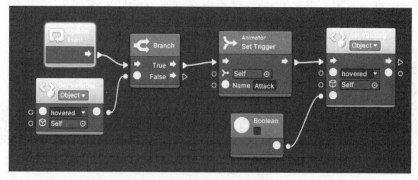

图 13-90　流机器组件的内容

13.11　调试环境

VIU 提供了一个模拟器以方便调试应用。在该模拟器中可以生成和删除模拟设备，模拟跟踪和输入事件。模拟器允许开发者使用鼠标和键盘测试场景，而不需要 VR 设备。

选择 Edit 菜单下的 Preferences 命令，在弹出的 Preferences 面板中的 VIU Settings 选项卡中勾选 Simulator 复选框，便可启动模拟器支持功能，如图 13-91 所示。

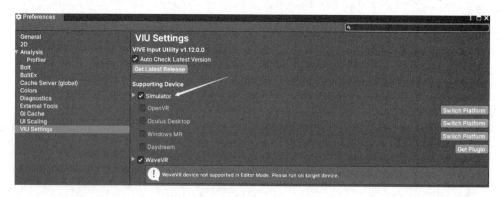

图 13-91　勾选 Simulator 复选框

启动游戏后，可以在游戏视图中看到模拟器画面，如图 13-92 所示。

当没有选择模拟设备时，使用键盘和鼠标控制所有连接的设备作为一个设备模拟组。图 13-92 中上面一排数字的颜色表示设备状态，其中白色表示设备已经连接，绿色表示设备已经选定，灰色表示设备未连接。启用模拟器后，总是启动 3 个模拟设备，这 3 个模拟设备分别是虚拟现实显示头盔设备（HMD）、右手控制器以及左手控制器。

主要的控制快捷键如下：

（1）控制选定设备。

W 键：向前移动所选设备。

S 键：向后移动所选设备。

图 13-92　模拟器画面

D 键：向右移动所选设备。

A 键：向左移动所选设备。

E 键：向上移动所选设备。

Q 键：向下移动所选设备。

C 键：向右滚动所选设备。

Z 键：向左滚动所选设备。

X 键：重置所选设备。

鼠标左键：在所选设备上按下触发器。

鼠标右键：在所选设备上按下触控板。

鼠标中键：在所选设备上按下手柄。

M 键：按所选设备上的菜单按钮。

按住 Shift 并移动鼠标：触摸选定设备上的触控板。

（2）控制 HMD。

T 键：向前移动。

G 键：向后移动。

H 键：向右移动。

F 键：向左移动。

Y 键：向上移动。

R 键：向下移动。

（3）其他控制。

Esc 键：当没有选择设备时，暂停模拟器。

F1 键：切换指令。

F2 键：将设备与 HMD 对齐。

F3 键：将所有设备复位到初始状态。

13.12　真机部署

一旦完成开发并调试通过以后，就可以将应用程序打包部署到实体的 VIVE Focus Plus 虚拟现实设备上，如图 13-93 所示。

图 13-93　实体的 VIVE Focus Plus 虚拟现实设备

将设备通过 USB 连接至计算机，选择 File 菜单下的 Build Settings 命令，在 Build Settings 对话框 Scenes In Build 下选择要编译的场景文件，如图 13-94 所示。

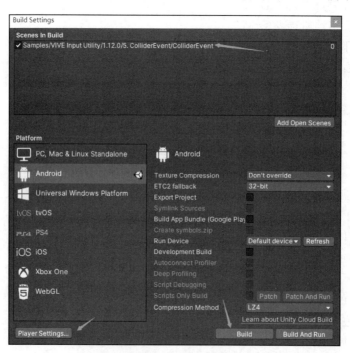

图 13-94　选择要编译的场景文件

单击 Player Settings 按钮，在弹出的 Project Settings 对话框中，将 Player 选项卡中的 Company Name 改成自己所在公司的名字，如图 13-95 所示。

关闭该面板，回到图 13-94 所示的对话框，单击 Build 按钮，如果一切正常，程序将会被打包成 APK 格式的文件并在设备上进行安装。如果是第一次将设备连到计算机,还需要在设备上开启相应的权限,允许计算机部署应用到设备。部署完毕后,就可以在移动虚拟现实设备上体验自己的应用了。

图 13-95   Project Settings 对话框

13.13   后期处理

本书在 VIVE Focus Plus 真机上测试了新的 SDK 的后期处理功能,老版本非基于 XR 的 SDK 不具备后期处理能力。内置渲染管线(Build-in Render Pipeline,BRP)指的是 Unity 内置的渲染管线。如果没有使用 URP 或 LWRP,那么就是在使用 BRP。BRP 中的后期处理是通过使用 Unity 的 Post Processing Stack v2 程序包实现的。

当 BRP 选择 Single-Pass 作为立体渲染模式时,不支持后期处理。针对 MultiPass 立体渲染模式的真机部署测试结果如表 13-3 所示。

表 13-3   针对 MultiPass 立体渲染模式的真机部署测试结果

测 试 结 果	真机性能情况
Ambient Occlusion	在设备上无效
Auto Exposure	在设备上无效
Bloom	在设备上有效,性能略有下降
Chromatic Aberration	在设备上基本有效,性能略有下降,Unity 官方不推荐在 XR 中使用
Depth of Field	在设备上有效,性能略有下降
Grain	在设备上有效,性能不受影响
Lens Distortion	在设备上无效,Unity 官方不推荐在 XR 中使用
Motion Blur	在设备上无效,Unity 官方不推荐在 XR 中使用
Screen Space Reflection	在 XR 中不支持
Vignette	在设备上无效
Color Grading (LDR/Gamma)	在设备上有效,性能略有下降

而使用通用渲染管线(Universal Render Pipeline,URP),采用的后期处理是 URP 的内置功能。这里的结果是由 URP 内置的后期处理功能进行测试的,而不是由 Post Processing Stack v2 程序包进行测试的。URP 不支持 MultiPass。针对 Single-Pass 立

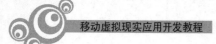

体渲染模式的真机部署测试结果如表 13-4 所示。

表 13-4　针对 Single-Pass 立体渲染模式的真机部署测试结果

测 试 结 果	真机性能情况
Bloom	通过测试,性能未受影响
Channel Mixer	通过测试,性能未受影响
Chromatic Aberration	通过测试,性能未受影响,Unity 官方不推荐在 XR 中使用
Color Curves	通过测试,性能未受影响
Color Lookup	通过测试,性能未受影响
Depth of Field（Gaussian Mode）	无法通过测试（应改为用 Bokeh 模式）
Depth of Field（Bokeh Mode）	通过测试,性能轻微受到影响
Film Grain	通过测试,性能未受影响
Lens Distortion	通过测试,性能未受影响,Unity 官方不推荐在 XR 中使用
Lift Gamma Gain	通过测试,性能未受影响
Motion Blur	通过测试,性能未受影响,Unity 官方不推荐在 XR 中使用
Panini Projection	通过测试,性能未受影响,Unity 官方不推荐在 XR 中使用
Shadows Midtones Highlights	通过测试,性能未受影响
Split Toning	通过测试,性能未受影响
Vignette	通过测试,性能未受影响
White Balance	通过测试,性能未受影响

图书资源支持

感谢您一直以来对清华版图书的支持和爱护。为了配合本书的使用，本书提供配套的资源，有需求的读者请扫描下方的"书圈"微信公众号二维码，在图书专区下载，也可以拨打电话或发送电子邮件咨询。

如果您在使用本书的过程中遇到了什么问题，或者有相关图书出版计划，也请您发邮件告诉我们，以便我们更好地为您服务。

我们的联系方式：

地　　　址：北京市海淀区双清路学研大厦 A 座 714

邮　　　编：100084

电　　　话：010-83470236　010-83470237

客服邮箱：2301891038@qq.com

QQ：2301891038（请写明您的单位和姓名）

资源下载：关注公众号"书圈"下载配套资源。

资源下载、样书申请

书圈

获取最新书目

观看课程直播